国家生态文明试验区（江西）探索与实践

——江西省畜禽养殖废弃物资源化利用及产业发展

徐伟民　严玉平　刘志飞　罗斌华 等　著

中国农业出版社

北　京

图书在版编目（CIP）数据

国家生态文明试验区（江西）探索与实践：江西省畜禽养殖废弃物资源化利用及产业发展 / 徐伟民等著. —北京：中国农业出版社，2023.12
ISBN 978-7-109-31135-0

Ⅰ.①国…　Ⅱ.①徐…　Ⅲ.①畜禽-饲养场废物-废物综合利用-产业发展-研究-江西　Ⅳ.①X713

中国国家版本馆 CIP 数据核字（2023）第 180505 号

国家生态文明试验区（江西）探索与实践
GUOJIA SHENGTAI WENMING SHIYANQU（JIANGXI）TANSUO YU SHIJIAN

中国农业出版社出版

地址：北京市朝阳区麦子店街 18 号楼
邮编：100125
责任编辑：丁瑞华
版式设计：王　晨　　责任校对：吴丽婷
印刷：中农印务有限公司
版次：2023 年 12 月第 1 版
印次：2023 年 12 月北京第 1 次印刷
发行：新华书店北京发行所
开本：787mm×1092mm　1/16
印张：10　　插页：1
字数：237 千字
定价：68.00 元

著 者 名 单

徐伟民　严玉平　刘志飞　罗斌华
徐步朝　陈　葵　田红豆　熊隆飞
钟凌鹏　吴　颖　郑　鹏　张　帆
曾婷婷

前 言 //////////////

　　畜禽养殖废弃物资源化利用，是深入推进环境污染防治、加强生态环境保护的重要任务，也是推动绿色发展、促进人与自然和谐共生的重要举措之一。随着经济社会快速发展，我国畜禽养殖业规模不断壮大，养殖方式和养殖结构不断优化。但在规模化、集约化养殖快速发展的同时，大量养殖废弃物得不到有效处理和利用，成为环境治理难题，养殖带来的环境污染风险也越来越引起社会的普遍关注。《中国环境统计年报（2014）》显示，畜禽养殖业废水排放占全国废水排放（折算化学需氧量）的45.7%，其中，生猪养殖污染占畜禽养殖污染的95%。近年来，江西省肉猪出栏3 200万头左右，测算全年产生尿液、废水、猪粪、氨气、硫化氢分别约2 500万吨、1 200万吨、600万吨、1.2万吨和0.3万吨，养猪废弃物综合利用率还不到60%，造成的环境污染制约了江西畜禽养殖业的高质量发展。

　　加快推进畜禽养殖废弃物处理和资源化，关系6亿多农村居民生产生活环境，关系农村能源革命，关系能不能不断改善土壤地力、治理好农业面源污染，是一件利国利民利长远的大好事。为加快推进畜禽养殖废弃物资源化利用，促进农业可持续发展，国务院办公厅出台《关于加快推进畜禽养殖废弃物资源化利用的意见》（国办发〔2017〕48号），明确提出"源头减量、过程控制、末端利用"的治理路径，坚持政府支持、企业主体、市场化运作的方针，以畜牧大县和规模养殖场为重点，以沼气和生物天然气为主要处理方向，以农用有机肥和农村能源为主要利用方向，全面推进畜禽养殖粪污资源化利用，并提出量化目标。

　　近年来，江西深入贯彻落实习近平生态文明思想，以国家生态文明试验区建设为引领，遵循政府支持、企业主体、市场化运作的工作思路，坚持源头减量、过程控制、末端利用的治理路径，以畜禽养殖废弃物无害化、资源化利用为方向，聚焦扩大终端产品利用路径，对畜禽养殖废弃物利用及产业发展进行了有益的探索与实践。

本书在厘定相关概念、分析相关理论和梳理国内外畜禽养殖废弃物资源化利用及产业发展进展的基础上，遵循提出问题、分析问题、解决问题的思路，系统研究了江西省畜禽养殖废弃物资源化利用及产业发展现状、废弃物资源化利用及产业发展主要政策和技术、废弃物资源化利用及产业发展路径和困境、废弃物资源化利用及产业发展主要模式及综合效益评估，并对畜禽养殖废弃物资源化利用及产业发展进行了展望和提出了相关对策。旨在通过对江西省畜禽养殖废弃物资源化利用产业发展实践进行研究和探讨，为国内畜禽养殖废弃物处置提供一定的参考和借鉴，为建设人与自然和谐共生的中国式现代化贡献绵薄之力。

著　者

2023 年 6 月

目　录 //////////

第一章　导　　论

畜禽养殖业是现代农业的重要组成部分。我国畜禽养殖业发展迅速，畜禽规模化养殖占比越来越高，在提高畜禽饲养管理水平、生态效率的同时，也带了越来越大的环境污染压力。国家和全社会对畜禽粪污排放处理提出更高要求。在此背景下，2017 年，国务院办公厅出台《关于加快推进畜禽养殖废弃物资源化利用的意见》，明确进一步提升畜禽养殖污染防治能力以及畜禽养殖废物资源化利用水平，促进畜牧业绿色发展。本章主要阐述了国内外畜禽养殖废弃物资源化利用及产业发展现状、畜禽养殖废弃物处理及资源化利用存在的问题，同时，结合研究对象和研究问题，梳理和介绍本研究所使用的理论工具，夯实本研究的理论依据，为后续研究奠定基础。

第一节　时代背景

一、畜禽养殖业快速发展

（一）畜禽养殖业规模逐步扩大

改革开放以来，随着我国社会经济的快速发展和城乡居民人均收入的提高，人们的食物消费结构发生了很大变化，人均粮食消费数量减少，畜禽产品消费数量逐年上升，肉类、禽蛋和牛奶的消费量以平均每年近 10％的速度增长，直至最近几年有所放缓，畜禽产品需求维持一个较高水平。随着人们对畜禽产品消费需求的提高，畜禽养殖规模和产量逐步提高，1978 年我国肉类总产量为 943 万吨，到 2014 年增长至峰值近 8 818 万吨，此后受非洲猪瘟等因素影响，肉类产量有所回调。据国家统计局公布的数据，2020 年全国肉类、禽蛋、奶类总产量分别为 7 748 万吨、3 468 万吨和 3 530 万吨，肉类、禽蛋产量保持世界首位；2021 年，全国肉类、奶类总产量进一步增加，分别达 8 990 万吨、3 778 万吨，禽蛋总产量略有下降，仍达 3 409 万吨。2021 年全国肉类产量比 2012 年增长 6.1％，禽蛋产量比 2012 年增长 18.1％。畜牧业产值在农业生产总值中的比重逐步提高，2012 年达 31.7％，此后仍维持较高占比，2020 年占比仍超过 30％，畜禽养殖业已经成为农业经济的主体。

在畜禽养殖业不断发展的同时，由于市场需求和成本节约的推动，我国畜禽养殖业逐步向规模化、集约化发展，并向城郊集中（许彪等，2015）。以生猪养殖为例，农业农村部数据显示，以年出栏 500 头为规模场界定，非规模场养殖主体（年出栏 500 头以下）数量从 2008 年的 7 222 万户下降到 2020 年的 2 062 万户，下降幅度约 71％；而同期的规模养殖主体［年出栏 500（含）头以上］数量虽然和 2008 年户数相近，但结构上却发生了很大的变化，2020 年我国生猪养殖规模化率达到 57.1％。2019 年，国务院办公厅印发的《关于稳定生猪生产促进转型升级的意见》明确提出还要进一步规模化发展，到 2022 年生猪养殖规模化率达到 58％左右，到 2025 年达到 65％以上，规模化养殖场已成为目前我国畜禽养殖的主要生产主体。

（二）畜禽养殖废弃物逐年增加

随着我国畜禽养殖业的迅速发展，畜禽养殖产生的废弃物也随之逐年增加。全国首次污染源普查数据显示，2010 年，我国畜禽养殖化学需氧量（COD）为 1 184 万吨，占所有化学需氧总量的 45％，是农业面源污染的重要来源。第二次全国污染源普查公报显示，2017 年我国畜禽养殖业水污染物排放量中，COD 排放量是工业排放的 11 倍、氨氮（NH_4^+-N）是工业排放的 2.49 倍，总氮（TN）是工业排放的 19.53 倍，总磷（TP）是工业排放的 15.15 倍；其中，规模养殖场水污染物排放量占畜禽养殖业的约 2/3。很多地区，畜禽粪便污染已经超过工业和生活的污染水平，成为农村面源污染的主要来源。

畜禽养殖规模化、集约化程度的提高，造成大量的粪便污水相对集中，超过了当地生态环境所能承载的限度。规模化程度越高的畜禽养殖场对吸纳粪污的配套设施和耕地的需求也越大，加之粪污环保处理资金不足，大量未经处理的畜禽污染物直接进入环境。由于管理和技术等方面的原因，大量集中的畜禽粪便得不到合理妥善的处理和利用，其造成的污染危害日益严重。目前，我国畜禽养殖业污染已经成为严重的环境污染问题之一，如果不对畜禽养殖废弃物进行合理、有效和及时处理，将会造成严重的环境后果。

二、养殖环境污染风险加剧

（一）畜禽养殖污染治理面临困境

中国作为畜牧业生产大国，畜禽产品年产量稳居世界第一，规模化、集约化的畜禽养殖导致环境污染问题严重，畜禽养殖废弃物不经有效处理直接排放，增加温室气体排放，对空气、水及土壤等造成严重污染，还会因为养殖污水排入水体造成水资源富营养化，进而污染农作物，影响畜禽业的健康可持续发展，已成为一个急需关注的社会问题（孔凡斌，2019）。养殖废弃物利用率过低是畜禽养殖专业化、养殖总量快速增长和种植业经营模式转变等因素共同作用下产生的阶段性难题。畜禽养殖业是农业污染的主要来源，畜禽规模养殖粪污不当处理引起大气污染和微生物污染等点源污染，威胁人类健康。畜禽污染治理是当前中国环境治理的重点和难点，是生态文明建设亟须解决的关键问题之一。在此形势下，推动畜禽养殖清洁生产，提升畜禽养殖废弃物资源化利用水平，解决畜禽规模养殖引发的环境、生态和安全问题是大势所趋。

（二）统筹畜禽污染治理和经济社会发展存在难点

从环境经济学视角分析，畜禽养殖污染治理面临农村环境的产权不明晰、外部性问题，环保治理存在明显不经济问题，农村居民的环境意识需要提高等方面的难题（薛豫南，2020）。由于畜禽养殖的环境污染具有明显的负外部性特征，养殖户环保意识不足，其行为选择主要从经济利益角度出发，往往以环境效益和社会整体福利损失为代价换取经济利益，如何实现经济效益与环境保护的有效统一是畜禽污染治理的难点与关键。畜禽养殖污染治理，既是保障我国畜禽业健康可持续发展的关键，也是我国农业面源污染治理的主要领域，是实现生态文明建设及人类命运共同体可持续发展目标的重要行动之一。畜禽业的可持续发展需要的不是把废弃物污染程度降低的污染治理，而是通过经济活动管理实现畜禽废弃物污染物属性转变为资源属性，实现污染治理的有效途径就是废弃物资源化利用。畜禽养殖废弃物资源化处理是未来缓解畜禽养殖环境污染的重要途径。

三、生态文明兴起

（一）生态文明建设成为全局性重要工作

党的十八大以来，以习近平同志为核心的党中央站在坚持和发展中国特色社会主义、实现中华民族伟大复兴中国梦的战略高度，把生态文明建设摆在全局工作的突出位置，开展了一系列根本性、开创性、长远性工作，从思想、法律、体制、组织、作风上全面发力，全方位、全地域、全过程加强生态环境保护，决心之大、力度之大、成效之大前所未有，生态文明建设从认识到实践都发生了历史性、转折性、全局性的变化，在创造世所罕见的经济快速发展奇迹和社会长期稳定奇迹的同时，创造了令世人瞩目的生态奇迹（黄守宏，2021）。生态文明的兴起是人类对文明发展道路的必然选择，体现了人们对生态危机解决途径的理论认识，即只有从社会文明发展的高度和广度上，从经济、社会、文化等各个方面，通过对工业社会的改造，才能使人类真正走出生态危机的困境，走上自然与社会可持续发展的文明之路。它不仅为生态危机的解决和正确处理人与自然、人与人的关系指明了方向，而且也为社会发展的转型和文明的发展指明了方向，同时又为世界文明的一体化发展奠定了基础。全国上下积极制定和实施了一系列生态文明建设相关的战略、法规、政策、标准与行动，坚定不移地走绿色、低碳、可持续发展道路，绿色发展理念深入融汇到经济社会建设的各方面和全过程，人与自然和谐共生的现代化扎实有序推进（赵建军，2019）。

党的十八大以来，以习近平同志为核心的党中央，谱写了中国特色社会主义生态文明新时代的崭新篇章，形成了习近平生态文明思想。生态文明建设在党和国家事业发展全局中的地位显著提升，在"五位一体"总体布局中，生态文明建设是其中一位；在新时代坚持和发展中国特色社会主义的基本方略中，坚持人与自然和谐共生是其中一条；在新发展理念中，绿色是其中一项；在三大攻坚战中，污染防治是其中一战；本世纪中叶建成富强民主文明和谐美丽的社会主义现代化强国目标中，美丽中国是其中一个。全党全国推动绿色发展的自觉性和主动性显著增强，绿水青山就是金山银山的理念成为全党全社会的共识和行动，简约适度、绿色低碳、文明健康的生活方式成为新风尚。

（二）现代环境治理体系加快构建

只有实行最严格的制度、最严密的法治，才能为生态文明建设提供可靠保障。党的十八大以来，党中央、国务院高度重视生态文明建设，持续推进生态文明顶层设计和制度体系建设。深入推进健全自然资源资产产权制度、建立国土空间开发保护制度、建立空间规划体系、完善资源总量管理和全面节约制度、健全资源有偿使用和生态补偿制度等基础制度建设。建立健全生态文明建设目标评价考核和责任追究制度、生态补偿制度、河湖长制、林长制、环境保护"党政同责"和"一岗双责"等制度，制定修订环境保护法等三十多部生态环境领域相关法律和行政法规，持续深化省以下生态环境机构监测监察执法垂直管理、生态环境保护综合行政执法等改革，为生态文明建设保驾护航。在大气、水、土壤、海洋、减灾防灾、防沙治沙等重点领域推进一系列生态环境治理的重大措施，在"三去一降一补"过程中严格执行环保、能耗和质量等相关法律法规和标准。2016 年，中共中央办公厅、国务院办公厅印发《关于设立统一规范的国家生态文明试验区的意见》，福建、江西、贵州和海南等省份先后开启生态文明试验区建设；2020 年 11 月，国家发展和改革委员会印发了《国家生态文明试验区改革举措和经验做法推广清单》，发布了国家生态文明试验区阶段性成果，一批制度性成果推广应用。其中，江西省的新余区域沼气生态循环农业发展模式、定南利用废弃矿山发展生态循环农业入选国家生态文明试验区改革举措和经验做法推广清单，为推进畜禽养殖废弃物资源化利用及产业发展奠定了坚实基础（张占斌等，2019）。2022 年，江西省生态文明建设领导小组印发《深化国家生态文明试验区建设更高标准打造美丽中国"江西样板"规划纲要（2021－2035 年）的通知》，总结了吉安"生态养殖"、部署大力推广畜禽养殖与农林种植协同循环利用、稻渔综合种养、大水面生态养殖，推行畜禽粪污资源化利用加快制定或修订畜禽养殖业污染物排放等地方标准等工作。

（三）积极稳妥推进碳达峰碳中和

习近平总书记强调，建设生态文明关乎人类未来。国际社会应该携手同行，共谋全球生态文明建设之路。我国坚定践行多边主义，捍卫以联合国为核心的国际体系和以国际法为基础的国际秩序，努力推动构建公平合理、合作共赢的全球环境治理体系，积极推动《巴黎协定》的签署、生效和实施。2020 年 9 月 22 日，习近平主席在第 75 届联合国大会一般性辩论上郑重宣示，中国将提高国家自主贡献力度，采取更加有力的政策和措施，二氧化碳排放力争于 2030 年前达到峰值，努力争取 2060 年前实现碳中和。"碳达峰碳中和"纳入生态文明建设整体布局和经济社会发展全局。

2021 年 9 月，中共中央、国务院出台印发《关于完整准确全面贯彻新发展理念做好碳达峰碳中和工作的意见》；2021 年 10 月，国务院印发《2030 年前碳达峰行动方案》。《2030 年前碳达峰行动方案》，明确实施碳汇能力巩固提升行动，将加强畜禽粪污资源化利用作为推进农业农村减排固碳的重要措施。为做好农业农村减排固碳工作，2022 年 5 月，农业农村部会同国家发展和改革委员会印发《农业农村减排固碳实施方案》，明确了畜牧业减排降碳等 6 项重点任务，部署了畜禽低碳减排行动、可再生替代行动等 10 项重大行动，提升畜禽养殖粪污资源化利用水平是开展重点任务和实施重大行动的重要抓手。2022 年 7 月，江西省人民政府出台《江西省碳达峰实施方案》，部署固碳增汇强基行动，加快推进农业减排固碳。其中，部署重点开展畜禽规模养殖场粪污处理与利用设施提档升级行动，确定了提升畜禽粪污综合利用率目标。

第二节 概念厘定与相关理论

一、基本概念

（一）农业环境保护

农业环境保护是指合理利用农业自然资源、防止环境污染和保护农业生态平衡的综合措施。

（二）畜禽养殖废弃物

生态环境部发布的《畜禽养殖业污染治理工程技术规范》规定："畜禽粪污是指畜禽养殖场产生的废水和固体粪便的总称。"畜禽养殖废弃物是指在畜禽养殖过程中所产生的畜禽粪便、废饲料、污水、畜禽尸体和散落的羽毛等固体废弃物。这类废弃物的特点在于日排放量较大，而且极易产生大量的污染问题，如水污染和空气污染问题。

（三）农业面源污染

农业面源污染是指农村地区在农业生产过程中产生的、未经合理处置的污染物对水体、土壤和空气及农产品造成的污染，主要包括化肥污染、农药污染和畜禽粪便污染等，来源主要是农业生产过程中不合理使用而流失的农药、化肥、残留在耕地中的农用薄膜和处置不当的农业畜禽粪便、恶臭气体以及不科学的水产养殖等产生的水体污染。

（四）畜禽养殖污染

畜禽养殖污染指在畜禽养殖过程中，畜禽养殖场排放的废渣，清洗畜禽体和饲养场地、器具产生的污水及恶臭等对环境造成的危害和破坏。水污染问题主要体现在，畜禽养殖废弃物在发酵过程中会产生大量有机物、磷和氮，长期暴露在外沿着水道流向河流、水塘，渗透到地下水，严重影响居民饮水安全。畜禽养殖废弃物所产生大量难闻味道，尤其是动物尸体所产生的蚊虫问题，造成大量的有毒气体排放，影响空气质量，威胁周边居民身体健康，甚至埋下一些传染疾病隐患，对畜禽本身也存在健康威胁，影响养殖质量。

（五）畜禽规模化养殖

目前，我国对畜禽规模化养殖没有统一的界定标准。根据国务院令第 643 号《畜禽规模养殖污染防治条例》（第四条）规定内容，不同地区的养殖小区和养殖场的规模标准可以根据当地畜禽养殖业的发展状况和对畜禽养殖污染的要求不同而各自界定。根据《畜禽养殖业污染物排放标准》（GB 18596—2001）规定，农区畜禽养殖主要包括猪、牛、羊、鸡、鸭、鹅、兔等家畜家禽养殖；规模化畜禽养殖场标准为常年存栏生猪 500 头以上、专用型蛋鸡存栏 15 万只以上、肉鸡出栏 3 万只以上、成年奶牛存栏 100 头以上和年肉牛出栏 200 头以上；集约化畜禽养殖小区规模标准为：常年存栏生猪 3 000 头以上、专用型蛋鸡存栏 10 万只以上、专用型肉鸡出栏 20 万只以上、成年奶牛存栏 200 头以上和年出栏肉牛 400 头以上。2009 年环境保护部出台的《畜禽养殖业污染治理工程技术规范》（HJ 497—2009）中则规定集约化畜禽养殖场是指养猪场年存栏数在 300 头以上、奶牛场年存栏 50 头以上、肉牛场年出栏 100 头以上、养鸡场年存栏 4 000 只以上、鸭和养鹅场年存栏 2 000 只以上。本书在对江西畜禽养殖废弃物处置产业化发展问题进行研究时，综合考虑 GB 18596—2001、HJ 497—2009 规定，结合江西实际开展研究。

（六）资源化综合利用

《畜禽养殖污染防治管理办法》（国家环境保护总局令第 9 号）第十四条明确提出"畜禽养殖场应采取将畜禽废渣还田、生产沼气、制造有机肥料、制造再生饲料等方法进行综合利用。用于直接还田利用的畜禽粪便，应当经处理达到规定的无害化标准，防止病菌传播"。

需要特别提出的是，养殖废弃物综合利用涉及生态学、经济学、管理学、营养学、环境学和工程学等多个学科，涉及养分管理、土壤环境保护、环境工程、生物质能源的利用和生态工程等方面的理论和技术。这些方面的探索已经不仅单纯考虑技术上的改进，更多的是运用生态、环境和经济等学科之间的交叉，从系统整合的视角出发，拓宽研究范围，逐步拓展到其他领域（如畜牧业管理、养分管理和生物质能源利用等），以期实现养殖废弃物综合利用的高效化和低成本化。

二、基础理论

（一）环境承载力理论

承载力最初的意义是指地基强度对建筑物的负重能力。1798 年，英国人口学家和政治经济学家托马斯·罗伯特·马尔萨斯首次运用"承载力"概念阐述了食物对人口增长的限制作用，给承载力赋予新的内涵和外延，为承载力的研究构建了初步框架，即根据限制因子的状况，推测研究对象的极限数量（张天宇，2008）。1921 年，伯吉斯和帕克将"承载力"概念引入生态学领域，把"承载力"的生态学含义定义为"某一环境条件下（阳光、营养物质、生存空间等生态因子的组合），某种个体可以存活的最大数量"。1972 年，以美国科学家丹尼斯·梅多斯为首的罗马俱乐部出版《增长的极限》，提出"零增长理论"，即因地球资源有限，人类必须自觉地抑制增长，否则人类社会将因资源枯竭而崩溃，由此引起了广泛争论，也使资源环境承载力概念得到了更广泛的关注。1953 年，美国生态学家奥德姆（Eugene Pleasants Odum）在《生态学基础》中赋予承载力概念较为精确的数学形式。1995 年，Arrow 等学者在 *Science* 上发表《经济增长、承载力和环境》一文，引起各国政府和学术界关注。

20 世纪 90 年代初，国内学者开始关注环境承载力，最早出现于北京大学环境科学中心主持的国家"七五"重点科研项目"我国沿海新经济开发区环境的综合研究——福建省湄洲湾开发区环境规划综合研究"总报告，报告首次给出"环境承载力"含义为某一时期，在某种状态或条件下，某一区域环境所通讯承受人类活动作用的阈值。唐剑武和叶文虎（1998）认为某一区域环境功能取决于其环境系统的结构，具体是指该区域环境系统维持自身稳态或自组织的能力及其与人类系统相互作用，如提供自然资源、容纳并净化废弃物等方面的能力和方式，环境承载力是环境系统功能的外在表现，描述了环境系统对人类活动支持能力的阈值，可表示为包含时间、空间和经济行为等自变量的函数，环境承载力（环境承载量）反映一个地区环境与经济社会的协调程度。此后，承载力理论开始应用于土地承载力、水环境承载力、资源承载力等领域。施雅凤和曲耀光（1992）认为某一地区的水资源承载力是指在该地区的水资源最高可承载的工业、农业和人口水平等社会生态系统。刘佳骏等（2011）运用系统论原理，构建涵盖经济、社会、生态和水资源 4 个子系统的区域水资源承载力综合评价模型，研究我国水资源承载力的变化状况及其特点，并对我国水资源的利用状况进行评价。土地资源承载力是指在保持生态与环境质量不致退化的前提下，单位面积土地所容许的最大限度地生物生存量（全国科学技术名词审定委员会，2004）。

畜禽养殖环境承载力研究有利于科学规划畜牧业发展、优化畜禽养殖污染防治，推动我国畜禽养殖业和区域生态社会的可持续发展。与一般区域环境承载力和行业环境承载力相比，畜禽养殖环境承载力是一个独特的行业环境承载力，除了具有环境承载力一般特征，还具有承载对象和承载体的独特性、环境系统的多层次系统性、空间异质性与管制性以及动态性与产业可调控性等特征（鞠昌化等，2016）。肖琴等（2019）以《畜禽养殖业产污系数与排污系数手册》和《畜禽粪污土地承载力测算技术指南》中的相关参数，测算出长江中下游地区的畜禽粪便总量、耕地畜禽粪污氮磷负荷和耕地畜禽养殖环境容量，用以评估该区域的畜禽养殖的环境风险和承载潜力。王英刚等（2020）从畜禽养殖环境承载力和畜禽养殖污染风险评价方面梳理了畜禽养殖环境污染的现状和进展。熊学振等（2021）聚焦高质量发展背景下畜牧业环境，从土地环境承载力和生态环境承载力两个方面量化分析畜牧业环境约束水平，系统分析我国畜牧业环境约束时空分异特征，探讨了养殖规模、消费需求与土地、生态环境的匹配程度。我国学者从不同角度、不同尺度，不断丰富环境承载力，如黄显雷（2018）从种养结合的角度，评价畜禽养殖环境承载力；郭珊珊（2019）则从农田氮磷养分平衡的视角，在成都平原地区对畜禽承载潜力进行了系统性分析和测算；郭辉（2018）以农田为研究对象，测算农田对畜禽养殖的环境承载力；贺珊（2020）从县域尺度上，评价了昌图县畜禽养殖环境承载力，并对其未来进行了预测；宋福忠（2011）则从更大尺度上，估算畜禽养殖环境系统承载力并提出预警概念。

（二）外部性理论

1887 年，英国经济学家西奇威克在其《政治经济学原理》中提出的自由经济中"个人提供的劳务"与"报酬"之间差异实际上就是"外部性"问题。为此，法国经济学家雅克·拉丰把西奇威克作为"外部性"问题研究的奠基者之一（张宏军，2008）。1890 年，英国经济学家阿尔弗雷德·马歇尔在《经济学原理》中首次提到"外部经济"和"内部经济"的概念，并提出外部经济是指企业生产规模的扩大源于所在产业的整体普遍发展，内部经济是指企业生产规模的扩大是依靠企业内部组织管理水平的提高（Marshall A，1920）。马歇尔在理论上对外部性问题的抽象和概括（Clapham J H，1922），为外部性理论的产生提供了思想源泉（罗士俐，2009）。

20 世纪 20 年代，庇古在其著作《福利经济学》中指出当"边际社会净产值"和"边际个人净产值"相等时，整个社会的资源实现最优配置，此时国民红利最大；前者小于后者时，就会产生"负外部性"，此时国民红利受损，负的外部性有可能导致市场失灵，标志着外部性理论的形成（徐桂华、杨定华，2004；贾丽虹，2003）。针对外部性的存在可能造成的市场失灵，庇古提出依靠政府征税或补贴以解决外部性问题，被学界称为"庇古税"（黄敬宝，2006）。奈特（Knight F，1924）认为"道路拥挤"虽然与"外部不经济"有关，但产生"外部不经济"的原因在于缺乏对稀缺资源产权的界定，"外部不经济"问题在稀缺资源划定为私人所有的条件下，可以得到克服（贾丽虹，2003）。

张五常（2002）却认为外部性概念过于空泛，是模糊不清的理念。宋国君等（2008）利用外部性理论分别以主体、时空为基准对环境外部性主体进行划分，构建了外部性绝对大小和相对大小的概念，分别回答了环境问题管理的必要性、管理主体、管理手段和管理程度的问题，并提出了"三级两层"的中国环境管理体制框架。孙鳌（2009）认为治理环境外部性的政策工具主要有命令控制型政策和基于市场的治理政策两大类。杨志武和钟甫宁（2010）认为从事农作物种植农户的种植方式受外部性影响表现出一定程度的集体决策行为，集体决策受农作物生产外部性和地块面积的影响。

畜牧业对环境污染的经济学成因可归结为畜牧业生产的外部不经济。畜牧业环境污染主要来自养殖过程产生的畜禽粪便、病死猪等，养殖场开展治污行为会增加畜禽养殖的成本。若无环境监管或相关经济激励，追求利润最大化的养殖业主不会对畜禽粪便进行处理，而选择畜禽粪便外排，或随意丢弃病死猪，由此造成环境污染，畜禽污染的加剧造成周边居民生活质量下降、畜禽疫病频发、农产品质量下降、流域环境恶化等社会问题，即造成外部不经济。图 1-1 中 MSC 和 MPC 分别代表边际社会成本和边际私人成本，由于畜禽养殖存在外部不经济，MSC 大于 MPC；NEC 为 MSC 与 MPC 之差，代表边际环境成本，也就是养殖场治理环境污染的成本；MB 为边际养殖收益；P 代表价格，Q 代表养殖量（污染规模）。对养殖场而言，其最佳养殖量（污染规模）为 Q（MPC＝MB），但考虑到畜禽养殖造成的环境污染，对整个社会而言养殖场的最佳养殖量（污染规模）为 Q_1（MSC＝MB）。

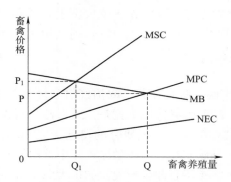

图 1-1　畜牧业生产的外部不经济

（三）农业循环经济理论

循环经济顾名思义，其核心就是"可循环"，在经济发展过程中主要确保物质和能量的可循环使用，循环经济由最初的"3R"原则上升为现在的"5R"原则，也就是"再思考、减量化、再使用、再循环、再修复"，这种发展模式符合可持续发展要求，是对以往"粗放生产、无节制消费、大量废弃"经济发展方式的彻底转变。循环经济理论是建立在生态学理论基础上，对经济发展模式的深入思考。循环经济重视对资源的合理利用，具备成本意识、生态意识，通过提升资源的利用程度，提升利用效率，以达到降低资源浪费、生态污染程度的效果。

学者普遍认为，循环经济是在技术上把清洁生产和废弃物循环使用融合起来的经济模式，运用再生思想来指导经济的发展方向。学习自然生态系统物质循环和能量流动规律并使之在实际经济发展中灵活应用，使经济系统和自然生态系统和谐共生，构建一种全新形态的经济发展模式。循环经济需要把经济模型转变成为"自然资源—产品和用品—再生资源"的回环可循环式，最合理使用生产过程中所用到的物质和能量，尽可能减少经济活动对自然环境的负面作用。物质和能量的循环梯级流动过程，是循环经济的发展方向。循环经济立足于生态环境，以生态系统的承载能力为基础，通过人类自身的技术条件达到满足生态与经济和谐发展的局面，它是一种自身回馈式、自我修复型的经济系统，在以保护环境就是保护人类自身发展的共同准则下，人类社会自觉选择循环经济作为发展的首要方向。

农业循环经济是指将循环经济理论和农业可持续发展思想运用到农业经济活动中去，以达到减少污染、保护环境、节约资源的目的，作用机理如图 1-2 所示。农业是国民经济的基础，以高消耗、高污染、低效率为特征的传统农业生产模式已不能适应现代农业发展的需要，发展农业循环经济，是转变传统农业生产模式、实现生态环境保护和可持续发展的根本保证。

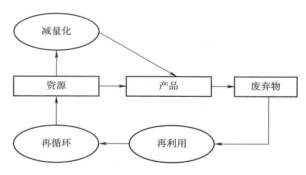

图 1-2　循环经济运行模式

循环经济在畜禽养殖废弃物资源化利用中具体表现为养殖废弃物转化成为有机肥，重新投入到农业生产，形成循环利用，最大限度地实现资源优化配置，整合农业生产资源，并且对环境污染实现有效的控制，减少农业生产投入，降低生产成本，有效提升生产效率，减少废弃物的产生。循环经济理论注重对资源的经济效益和生态效益开发，对于资源进行回收利用、进行无害化的处理，减少生产环节所产生的浪费，确保农业生产所产生的资源能够循环使用，最大程度减少污染物的排放量。

农业生产具有系统性，由多个子系统组合而成，且与第二产业、第三产业联系密切，具有经济循环和自然循环双重属性，易于实现三产融合，农业适宜发展循环经济。具体而言，农业有三个发展循环经济的优势特点：一是与工业相比，农业生产容易形成能量循环，无论是种植作物还是养殖牲畜都可以更容易、更直接地从自然界中获取能量，动植物死亡后的残体、禽畜排泄的粪便都可以经过微生物分解重新进入能量循环，而工业容易形成难以无害化处理的废弃物；二是农业更贴近人类的直接生产和消费，农业既是重要的生产部门也是重要的消费部门，农业发展循环经济可以更有效地调节人与自然的关系；三是农业系统中的养殖业系统、种植业系统、渔业系统等相互联系密切，农产品的加工、流通、贸易和消费也是相互依存的耦合体。这一联系的紧密性容易使农业生产形成例如珠三角地区的桑蚕鱼塘农业模式，将养鱼、养蚕和种桑紧密联系在一起，既减少污染，又提高效益。因此，农业的整体性决定了其更具发展循环经济的优势。

第三节　畜禽养殖废弃物资源化利用及产业发展综述

一、畜禽养殖废弃物污染

我国传统农业是一个种养循环的生态系统，家家户户种几亩地、养几头猪，猪粪尿作为有机肥回归自家田，形成闭合的生产循环和稳定的生态环境。传统的农户散养模式养殖规模小，所产生的畜禽粪便可作为有机肥还田利用，实现种养结合，畜禽粪便利用效率高，基本对环境不造成污染。伴随着我国城镇化进程加快与人们生活水平的提高，畜禽产品消费在城乡居民食品消费中的比例日益提高，促进了我国畜牧业快速发展，畜牧业由传统的农户散养模式向高生产力的集约化规模养殖模式转变。随着农业技术日益革新，畜禽养殖规模化速度不断加快，畜禽污水粪便等废弃物产量迅速上升和集聚，在保障畜产品稳定供给的同时，畜禽粪污带来的环境问题变得越来越突出。集约化畜禽养殖粪便量大聚集，加之对环境影响较大的大中型养殖场80％分布在人口集中、水系发达的大城市周边和东部沿海地区，对环境造成了严重威胁。大量研究表明，畜禽业养殖模式的转变，导致畜禽粪便利用率下降，畜禽业对环境的污染日益加剧。农业部2017年统计，当前我国每年畜禽粪污产生量约38亿吨，综合利用率不足60％，未经处理的废弃物任意排放给当地水源、土壤及大气环境等带来严重影响，同时造成资源巨大浪费。

畜禽养殖所产生的污染源主要包括固体粪便、尿液，生产过程中产生的废水以及病死畜禽等，如果没有适当处理，对大气、水体和土壤环境造成严重影响。第二次全国污染源普查公报显示，2017年我国畜禽养殖业主要水污染物排放量中化学需氧量（COD）为1 000.53万吨、总氮（TN）为59.63万吨、总磷（TP）为11.97万吨，与第一次全国污染源普查公报公布的2007年畜禽养殖业主要水污染物排放量中COD为1 268.26万吨、TN为102.48万吨、TP为16.04万吨相比，分别下降了21.1％、41.8％和25.4％。

第二次全国污染源普查公报显示，2017年全国农业源水污染物排放总量中COD、氨态氮（NH_4^+-N）、TN、TP分别占全国水污染物排放总量的49.8％、22.44％、46.5％和67.2％，相较于工业源和生活源，农业源是污染源之首。农业源中畜禽养殖业排放占主要来源，如养殖业产生的COD、NH_4^+-N、TN和TP分别占全部农业源的93.8％、51.29％、42.1％和56.5％，畜禽养殖废弃物处理及资源化利用的任务十分艰巨。其中，规模养殖水污染物排放，COD、NH_4^+-N、TN、TP分别占全部养殖排放量的60.45％、67.62％、62.04％、67.17％。

（一）畜禽养殖对大气的污染

粪便对大气的污染主要来源于畜禽场舍外的粪堆和粪池，粪便中有机物分解产生恶臭、有害气体，并携带病原微生物的粉尘向空气散发。畜禽粪尿腐败发酵后，分解释放出氨气、硫化氢、硫醇、胺、挥发性有机酸、吲哚、粪臭素等臭味化合物 70 多种，这些物质的臭味阈值很低，臭味很大。大气中 50% 以上的氨气都是由粪便产生，恶臭直接或间接地危害人畜健康，引起畜禽生产力下降，引发各类疾病，降低禽畜质量，使畜牧场周围生态环境恶化。畜禽养殖业生产中，产生大量的甚至带有病原微生物、寄生虫卵的污浊气体和飘尘，粪便不经处理直接排放，当超过大气负荷时，会引起空气质量下降，甚至出现酸雨，对大气环境造成污染。

（二）畜禽养殖对水体的污染

自然界的水不断循环流动，由于饲料中的氮、磷吸收率较低，畜禽粪便中含有大量的有机质、氮、磷、钾、硫、抗生素，以及致病菌等污染物，其随地表径流进入河流湖泊等水体，当水中含氮、磷等有机物含量超出水体自我净化能力时，水体溶解氧含量急剧下降、水生生物过度繁殖，从而导致水体富营养化，破坏水中生物的生存环境，减少水生生物，降低水体生物多样性。受有毒有害物质污染的水体，可导致人或家畜中毒或发生传染性疾病，影响人们健康甚至危及生命安全。粪便污染会导致水源水质和生活环境恶化，造成污染区水质恶化，水源污染不能使用，引起供水困难。

中国农业科学院土壤肥料研究所研究得出：堆放或贮存畜禽粪便的场所中，即使只有 10% 的粪便流入水体，对流域水体氮素富营养化的贡献率约为 10%，对磷素富营养化贡献率为 10%～20%；在太湖流域，畜牧业总磷和总氮排放量分别占流域地区排放总量的 32% 和 23%，已成为流域内主要污染源，是造成水体富营养化的主要原因。从全国来看，各地畜禽粪便进入水体的流失率在 2% 以上，而尿液和污水等液体排泄物的流失率则高达 50% 左右（中国环境年鉴编辑委员会，2003）。

（三）畜禽养殖对土壤的污染

禽畜粪便能增加土壤肥力，但过度施肥会适得其反。据调查，由于部分大型养殖场和专业户建有贮存舍（场）内排出的畜禽粪尿和污染的贮粪池底部防水性不佳，甚至不做防水，粪尿水和污水渗入地底下土层，有的贮粪池盛满时不进行净化处理，或不具备净化措施，任意排出场外，也有的在养殖场清除场舍中的粪尿或垫草，随意堆放在场舍周围，对土壤造成了污染。土壤受污染后，其化学成分和物理性状也相应地发生改变，自净能力受到破坏，为蝇类和寄生虫等提供了寄生场所，给畜禽健康和人类生活带来严重危害。

（四）畜禽产品安全易受威胁

近年来，我国畜产品出现了多起较为严重的质量安全事件，造成了恶劣的社会影响，畜产品质量安全问题已引起社会广泛关注。对影响畜产品质量安全因素进行分析，主要包括两个方面，一方面是畜禽产品兽药残留污染。在畜禽养殖过程中，为了防治畜禽的多发性疾病，饲料中往往添加抗生素，而大多数饲料用抗生素都有残留，导致食用畜禽产品的人体受到一定程度的伤害。另一方面是微生物污染。畜禽体内微生物主要是通过消化道排出体外，粪便是微生物的主要载体。根据湖区粪污水检测，在 1 克猪场的粪污水中，含有 83 万个大肠杆菌，69 万个肠球菌，还含有寄生虫卵、活性较强的沙门氏菌等。这些有害病菌，如果得不到妥善处理，将污染环境，直接威胁畜禽自身生存，还严重危害人体健康。

二、畜禽养殖废弃物污染治理

（一）畜禽养殖废弃物治理措施

国外对于畜禽养殖业带来的环境问题认识较早。日本于 20 世纪 60 年代就提出"畜产公害"问题，之后政府开始重视农业环境保护，倡导发展循环环保型农业，配套制定了一系列关于农业生态环境保护的条例法规，如《恶臭防治法》《废弃物处理与消除法》《防止水污染法》《家畜排泄物法》等，这些条例法规对畜禽污染管理进行了详细规范。养殖企业如果建设配套污染治理设施，政府可以从专项污染治理经费中给予资金支持。此外，日本还投入大量人力物力对现有养殖业污染进行治理和开展可持续发展方面的科学研究。

欧盟制定了《共同农业政策（CAP）》，构建了控制养殖业污染的政策，并放在欧盟环境政策的宏观战略范围内，保证政策落实到位。欧盟将农业补贴标准与环境保护补偿标准结合，从经济角度上强化补偿政策实施，并不断加强对环境的行政监管。同时，增强农户的环保意识，提高农户环境保护积极性，让农户自发参加和配合环保活动。欧盟共同农业政策大框架强调落实各成员国应承担的责任，各个成员国采取各种生态补偿政策对农业发展和环境进行保护。

美国主要环境政策的重点是放在养殖业的污染防治方面。首先，通过立法将养殖业污染分成点源性污染和面源性污染两大类，采用点面相结合的方式进行污染治理。其次，推崇种养结合发展模式处理养殖业污染。再次，政府通过制定政策给予高额财政补贴。如农业税收、信用担保贷款、农业养殖补贴、财政转移支付及补偿等。政府始终坚持实施无公害、无污染、标准化、全方位生态畜牧业的可持续发展战略，大力发展生态畜牧业，从根本上解决污染源。政府采取一系列强制性和干预性政策与措施治理畜牧业环境污染，通过出台管理政策、建立畜产品生产质量保证体系、实施疾病监控、加强饲料用药管理等方法，有效保证饲料安全生产和质量控制。

我国畜禽规模化养殖起步虽较晚，但发展却十分迅速，尤其是 20 世纪 90 年代中后期，畜禽养殖污染已经成为中国农业面源污染的主要来源，畜禽养殖污染防治的重要性和必要性日益凸显。为了加强对畜禽养殖业污染排放的控制，我国先后发布了《畜禽养殖业污染物排放标准》《畜禽养殖业污染防治技术规范》（GB 18596—2001）、《规模化畜禽养殖场沼气工程设计规范》（HJ/T 81—2001）、《畜禽养殖污染防治管理办法》（NY/T 1222—2006）、《畜禽规模养殖污染防治条例》等标准和文件，严格规定畜禽养殖场污染物排放总量及各种污染物浓度，并制定了相关的防治技术规范。《国家中长期科学和技术发展规划纲要（2006—2020 年）》强调加强农村生活污染防治，提高农村污染物无害化和资源化水平，开展农村环境综合治理，建设绿色乡村，成为国家战略的重要内容。《国务院关于落实科学发展观加强环境保护的决定》（国发〔2005〕39 号）中要求全国各地结合社会主义新农村建设，实施农村环保行动计划，治理环境污染，改善人居环境，建设优美乡村。针对畜禽养殖造成的环境污染，在政府有关部门的组织下调研，我国学者不断创新思路，对各地区畜禽养殖污染现状和治理方法进行了大量研究，探索生态养殖新模式并加以推广。

（二）畜禽养殖污染治理技术研究进展

国际上畜禽养殖业污染物处理技术研究较多，主要集中在畜禽养殖污染物采用沼气、堆肥等资源化手段，也有采用氧化塘等污水自然处理技术等。厌氧发酵被认为是最有效的畜禽养殖污染物处理技术，在治理畜禽养殖污染中起着重要作用。国内研究主要集中在环境管理、处理技术等方面，对处理技术的适应性及可行性的分析总结较多，厌氧发酵、好氧堆肥等资源化技术研究相对深入。孟祥海（2014）开展畜牧业环境污染系统性研究，全面梳理我国畜牧业环境污染现状后，系统性提出了防治对策。有些学者开展区域性调研，石慧超（2018）针对吉林市畜禽养殖污染现状分析，提出了污染防治模式。

1. 畜禽废弃物厌氧发酵技术研究进展

利用厌氧发酵技术处理畜禽养殖废弃物，提供优质可再生能源，减少温室气体排放，维护生态环境。全球范围内，欧洲国家在相关科学研究、装备开发、技术应用处于领先位置，德国、奥地利、法国以及瑞典等国家拥有国际领先的技术和成熟的应用经验。奥地利对其早期建成的厌氧发酵工厂进行产沼气升级，每年可提供 400 兆千瓦时发电量。瑞典将沼气提纯压缩后作为汽车、火车等交通工具的燃料。德国厌氧发酵工程发展迅速，2020年建成 43 000 多座沼气工厂，是 2006 年的 15 倍。欧洲厌氧发酵技术发展迅速，主要有两方面原因，一是在于欧洲各国环境法规越来越严格，如禁止把可降解有机废物直接排放或填埋；二是政府向厌氧发酵技术提供能源优惠补贴政策。

就技术层面而言，全球广泛使用的厌氧发酵工艺类型主要有三类：一是单步连续化系统，分为湿法（低固含量）和干法（高固含量）工艺。二是双步连续化系统，分为"干-湿法"和"湿-湿法"工艺。三是非连续化系统，该系统需要更多人工，也分为一步和两步处理。

单步连续化系统设计和建造相对简单且造价便宜，不足之处是沼气生产效率易于受发酵原料液化导致 pH 突然降低影响。两步发酵把最初液化和产酸发酵步骤与产沼气过程分开，从而有更高的处理量但需要更多设备，并要求增加预处理步骤。在欧洲，干法发展迅速，但湿法仍然占据优势；单步处理系统占全部处理系统的 90%，只有 10% 为双步处理系统。非连续化系统减少了复杂的原料处理过程，但产气和微生物生长较不稳定，不适于大规模处理。

在国内，畜禽粪便无害化处理主要采用堆肥（干法）和沼气工程（湿法）为主。粪便堆肥（干法）包括条垛堆肥、强制通风静态堆肥、仓式堆肥及槽式堆肥等多种形式，无论使用何种堆肥技术处理畜禽粪便，均应满足《粪便无害化卫生标准》（GB 7959—2012）、《畜禽粪便无害化处理技术规范》（NY/T 1168—2006）卫生要求。沼气工程（湿法）是目前我国规模化养殖场处理畜禽粪便的主要途径，主要工艺以升流式固体床反应器（USR）、厌氧挡板反应器（ABR）和连续搅拌反应器系统（CSTR）为主，发酵温度一般以近中温（25～30℃）或中温（30～38℃）发酵为主。沼气工程要求畜禽粪便经过带有前处理的沼气技术系统处理后，COD、BOD 和固体悬浮物（SS）的去除率可达 85%～90%，但该系统无法去除氮、磷，经厌氧处理后氮、磷养分基本保持不变，因而经厌氧发酵回收清洁能源沼气，产生的沼渣和沼液中富含有氮、磷等养分。沼气工程要求养殖业和种植业合理配置，适用于养殖场周边有足够的农田、鱼塘、植物塘等，可以完全消纳产生的沼渣、沼液。

2. 养殖污水处理技术研究进展

养殖废水具有典型的"三高"特征，COD 高达 3 000～12 000 毫克/升，NH_4^+-N 高达 800～2 200 毫克/升，SS 超标数十倍。畜禽养殖废水处理，欧美国家主要采用自然处理、厌氧处理技术、好氧处理技术以及联合工艺处理法等，国内普遍采用生化法，常采用的工艺技术有厌氧处理、好氧处理、厌氧＋好氧处理等。

（1）厌氧处理技术

厌氧处理技术已被广泛应用于养殖场废物处理，厌氧工艺较常用的有：厌氧滤池（AF）、上流式厌氧污泥床、厌氧挡板反应器、内循环厌氧反应器（IC）等。国内畜禽养殖废水处理主要采用的是上流式厌氧污泥床及升流式固体反应器。近年来，我国学者对各种厌氧反应器研究较多，他们认为新型高效厌氧反应器对养殖场废水处理有广阔的应用前景。膜生物反应器是目前处理出水等级最高的污水处理方法，其处理出水能达到《畜禽养殖业污染物排放标准》（GB 18596—2001），甚至《农田灌溉水质标准》（GB 5084—2005）要求。赵丽（2017）深入研究厌氧迁移式污泥床反应器-膜曝气生物反应器（AMBR - MABR）耦合工艺处理养殖污水的启动过程，去除效能及其运行特征，确定反应器启动方式，优化了操作参数。相对于其他污水处理方法，膜生物反应器缺点是投资和运行成本较高，且膜材料需要进行定期清洗和更换；优点是占地小、出水水质好，而且对污水中的细菌和病毒也有很好的去除效果，该技术适用于土地面积有限且对环境要求高的城市周围的养殖场。

（2）好氧处理技术

好氧处理工艺主要依赖好氧菌和兼性厌氧菌的生化作用净化养殖污水，其方法主要有活性污泥法和生物滤池、生物转盘、生物接触氧化、序批式活性污泥（SBR）及氧化沟等。好氧技术处理畜禽废水重点在水解与 SBR 的组合工艺，由于 SBR 工艺在一个构筑物中可以完成生物降解和污泥沉淀两种作用，减少了二沉池和污泥回流设施，同时又能脱氮除磷，在好氧与厌氧工艺组合中得到了广泛的应用。日本学者利用富含微生物的普通污泥，在充足氧气条件下，使畜禽养殖污水和活性污泥混合后，经过吸附、同化和酸化复杂反应，废水中的 BOD、COD、P、N、SS 等达标排放。其他好氧处理方法也逐渐应用于畜禽养殖废水中，如间歇式排水延时曝气（IDEA）、循环式活性污泥系统（CASS）、间歇式循环延时曝气活性污泥法（ICEAS）等。曹瑞（2021）研究 SBR 反应器在启动和正式运行阶段除污性能和微生物群落结构等在不同进水负荷条件下的差异和变化规律，何理（2015）系统比较了畜禽养殖废水处理的好氧颗粒污泥系统启动与稳定运行影响因素，分析出最佳系统稳定运行条件，以上研究为生产运行提供科技支撑。

（3）自然处理法

自然处理法主要是利用天然水体、土壤和生物的物理、化学与生物的综合作用来净化污水，包括过滤、截留、沉淀、物理和化学吸附、化学分解、生物氧化以及生物的吸收等。主要处理模式有氧化塘、土壤处理法、人工湿地处理法等。

利用人工湿地系统处理畜禽养殖废水来源于 1995 年的"墨西哥湾计划（GMP）"，最近几年才越来越多地用于处理养殖废水。人工湿地是一种能有效减少废水固体悬浮物、生物需氧量（BOD）、氮、磷和部分重金属的废水处理系统，具有出水水质好、易运行、运行成本低、管理方便、抗有机负荷冲击力强及应用灵活等优点。人工湿地处理系统一般用于处理一级或二级废水，在国外已广泛应用于处理城镇生活废水、矿山废水、工业废水、奶牛场废弃物及猪场废水等。

人工湿地分表流人工湿地（FWSF）、垂直潜流人工湿地（VSSF）、水平潜流人工湿地（HSSF）和复合垂直潜流人工湿地（IVCW）等形式。人工湿地系统建造投资较小，需要一定土地面积，因而该技术适合于周围农田面积有限、土地面积相对较大的城市近郊养殖场使用。在养殖污水处理中，人工湿地与其他的污水处理工艺相结合可以达到很好的处理效果，河南省某牧业有限公司采用水解酸化-上流式厌氧污泥床-接触氧化-生物氧化塘-人工湿地组合工艺对其养猪场产生的养殖废水进行处理，出水一直稳定，达到并高于《农田灌溉水质标准》（GB 5084—2005），可用于附近农田灌溉。

（4）联合工艺处理法

由于自然处理法、厌氧法、好氧法各有优缺点和适用范围，取长补短，实际应用中加入其他处理单元，根据畜禽污水的特点和要求达到的排放标准，设计出由以上3种或以它们为主体并结合其他处理方法的组合工艺共同处理畜禽污水。这种综合处理方法能以较低的处理成本，取得较好的效果，获得良好稳定的出水水质。德国研发出氧化塘与土壤联合净化畜禽污水的净化系统，充分做到了畜禽排泄物的资源化与无害化利用。厌氧处理和土地处理相结合的方式处理养殖废水是处理成本最低的方法，在美国和欧洲耕地面积大的国家应用极为广泛。人工湿地处理系统在欧美应用比较广泛，美国自然资源保护服务组织（NRCS）编制了养殖废水处理指南，建议人工湿地BOD负荷为73千克/（公顷·天），水力停留时间至12天。墨西哥湾项目（GMP）调查研究表明人工湿地对各种污染物的BOD、TSS、NH_4^+-N、TN、TP的平均去除效率分别为65%、53%、48%、42%、42%，处理效果相当明显。

从国内情况来看，龚丽雯等（2003）采用微电解-接触氧化池-稳定塘组合工艺处理养猪场废水，实际运行效果表明，组合工艺在进水COD为10 500毫克/升、NH_4^+-N为188毫克/升、TP为271毫克/升的条件下，处理出水的COD<100毫克/升、NH_4^+-N<15毫克/升、TP<0.5毫克/升，完全达到《污水综合排放标准》（GB 8978—1996）一级标准。陈菁（2010）针对江西赣州某标准养猪场，采用酸化调节＋IC＋生物接触氧化＋氧化塘组合工艺进行养殖废水处理，工程运行90天后，原水COD、NH_4^+-N、TP分别为8 000毫克/升、800毫克/升、170毫克/升，经生物接触氧化池出水200%回流稀释后调节池内的水质COD、NH_4^+-N、TP分别为3 000毫克/升、320毫克/升、100毫克/升左右，经氧化塘处理后的废水COD、NH_4^+-N、TP分别为400毫克/升、80毫克/升、8毫克/升以下，出水达到《畜禽养殖业污染物排放标准》（GB 18596—2001）要求。

杨利伟（2011）针对存栏小于200头猪的养猪场，采用源分离技术- NBSFAOSP -人工湿地组合工艺运行结果表明出水COD、NH_4^+-N、TP及SS均优于《畜禽养殖业污染物排放标准》排放标准，是一种经济高效和操作管理方便的分散式养猪废水处理工艺。万风（2012）研发了源分离-多级厌氧-人工湿地的耦合集成工艺，厌氧反应器稳定运行后，对COD、BOD、NH_4^+-N、TN、TP、SS的平均去除率分别为60.8%、63.0%、11.5%、

7.9%、15.0%、78.8%，反应器对 N、P 的去除效果较差；废水经过人工湿地强化处理后，出水 COD、BOD、NH_4^+-N、TP、SS 的平均浓度分别为 354 毫克/升、135 毫克/升、69.4 毫克/升、4.9 毫克/升、28 毫克/升，出水指标均低于《畜禽养殖业污染物排放标准》（GB 18596—2001）的规定值。刘杰（2012）针对南方丘陵分散养猪废水，通过水解酸化＋UASB＋接触氧化＋人工湿地集成工艺进行处理，处理后出水中 COD、TN、TP、NH_4^+-N 浓度平均值分别为 261.5 毫克/升、64.5 毫克/升、8.11 毫克/升和 68.22 毫克/升，平均去除率分别为 89.76%、87.35%、92.47% 和 84.06%；出水水质中 COD 和 NH_4^+-N 浓度均优于《畜禽养殖业污染物排放标准》排放要求，TN 和 TP 基本达到上述标准的相关要求。

张彩莹（2012）以厌氧消化后的养猪场废水为对象，深入分析潜流人工湿地的微生物群落多样性、硝化及反硝化强度、湿地沿程污染物的浓度及去除率的变化。廖新梯等（2005）研究不同植被的人工湿地对猪场养殖废水有机物的随季节变化的规律，COD、BOD 去除率最高可达 90% 和 80% 以上。研究结果显示，生物生态组合工艺能以较低的处理成本，取得良好的污染物去除效果，获得稳定的出水水质，具有更强的适用性和应用性。

人工湿地也是生物＋生态组合工艺中的常用技术，欧洲及美国较多采用人工湿地处理畜禽养殖废水。德国使用 PKA 湿地污水处理系统处理农村地区的养殖废水。目前国内外公认的养殖污水处理后的最终归途是还田利用，达到种养产业有机结合的目标。但具体采用哪种生物处理方法，不仅要考虑此处理方法技术上的优势，还要考虑该方法在投资、运行费用、操作和地域方面是否方便等问题。对于处理达标排放这方面来讲，国内外所用的工艺流程大致相同，即固液分离-厌氧消化-好氧处理。但是，对于我国处于微利经营的养殖行业来讲，建设该类粪污处理设施所需的投资太大、运行费用过高。覃一枝（2018）对湘江流域畜禽养殖企业，从畜禽养殖企业养殖污染物的实物量和价值量两方面评估环境投入，得出湘江流域畜禽养殖企业年环境成本总量，评估结果显示环境成本趋高。因此，探寻设施投资少、运行费用低和处理高效的养殖业污染处理方法，已成为解决养殖业污染的关键所在，这也引起了研究者的兴趣。

（三）我国畜禽养殖废弃物污染治理存在的问题

1. 种养失衡、粪污资源化利用难度大

我国畜禽养殖业在顶层设计上侧重优良品种推广、规模化经营和标准化生产、疫病防控等，对于环境保护的设计通常直接套用工业化处理的模式，这导致长期以来基层政府对于养殖分区划定标准不明确，甚至直接将养殖企业迁入工业园区与化工企业同步管理，导致局部地方养殖过于集中。由于我国在畜禽养殖规模化发展进程中缺乏种养结合的思路，使得种养主体从规模和空间布局逐步分离，有些地区甚至为了招商引资或促进当地产业规模发展，一味要求养殖企业做大做强。过于庞大的养殖规模，产生远超过生态承载力的粪污量，不仅造成严重的环境污染，也影响了周边居民的正常生活。尽管许多养殖企业迫于形势要求开始打造种养结合的生态农业，但是庞大的养殖规模需与大面积的农田相匹配，这对于人多地少的地区来讲非常困难。对于大规模养殖，每天产生的大量粪污如何按照作物需求高效输送到农田，且不造成资源浪费和二次环境污染，也是目前面临的难题。粪污从贮存、输送到灌溉等每一个环节，在现

实操作中都存在技术难点。

2. 成套技术少且技术研发与应用难以统一

与工业污染治理不同，畜禽养殖污染治理涉及的环节和影响因素较多，不仅受到地域、温度和农业制度的影响，也受到养殖模式、处理工艺和农田配套的影响。目前养殖污染防治技术研究大多集中在某个环节，产出的单项技术较多，而很少有针对某种养殖模式的覆盖源头减排，粪污收集、贮存、处理，到末端资源化利用的全链条技术的研究，从而影响了区域和流域尺度成套技术方案的制定。此外，目前还存在技术研发与应用难以统一的问题：对于研究者来说，更多考虑技术的有效性；对于政府而言，需要标准的、通用的、便于管控的成套技术；对于养殖企业来说，需要低成本、实用、便利的技术。由于养殖企业更关注的是养殖效益，而在后续的粪污处理中缺少资金和人才投入，导致全流程环节技术应用和维护方面出现困难。同时，由于养殖企业受农业农村和生态环境部门的双重管理，在不同关注点和要求之下，容易出现技术环节断裂，使技术运行不畅，成本加大，造成新技术推广难的局面。如曾一度被江苏省提倡的大型养殖场沼气发电工程，目前超过一半处于停工状态，主要原因是投资、运行及维护成本过高，且沼液如何利用也是一大难题。大型养殖场配套的大型污水净化设施，由于运维成本高，养殖企业负担沉重。

3. 养殖废弃物资源化存在亟待突破的技术难点

农业面源是造成地下水污染最普遍的因素，也是最难治理的污染源之一，由于其形成过程随机性大、影响因素复杂、潜伏周期长等，因此相应的研究和污染控制难度也较大。养殖废弃物对地下水的污染比化肥高出 8%，养殖粪污和沼液直接还田对地下水的污染风险也显著高于化肥，有关养殖对地下水污染风险的评价及控制的研究需要深入开展。粪污从收集、处理到后期利用的过程中，会导致大量的养分流失，造成大气、水体和土壤的污染，其中以 NH_3 或 N_2O 挥发方式的氮流失占 50% 左右，但目前对这方面的研究还不多，尤其是粪便长周期堆肥过程中产生臭气处理成本控制以及厌氧工程中沼气贮存和有效利用是亟待解决的技术难点。在资源化利用方面，沼液如何按农时运输并灌溉，长期使用养殖粪肥造成的重金属和抗生素残留问题等也是亟待解决的技术难点。

三、畜禽养殖废弃物资源化利用及产业发展

（一）畜禽养殖废弃物资源化利用

自 20 世纪 50 年代起，发达国家开始进行大规模的集约化养殖，在城镇郊区建立集约化畜禽养殖场。每天有大量粪便及污水产生，这些废弃物难以处理和利用，造成严重的环境污染。与此同时，许多发达国家迅速采取措施加以干预和限制，并通过立法等手段进行规范化管理。由于畜禽养殖业污染重、影响范围广，而且存在安全卫生和流行疫病隐患，因此一直是各国政府重点管控的领域。从政策法律、技术手段、预防管理等多个层面对沼气行业进行了综合整治，并取得了显著成效。沼气行业脱胎于水污染处理，发展于能源短缺，依托于政府产业支持，带动了技术不断创新，逐步形成了单独的产业。

欧洲在畜禽养殖污染防治和沼气能源工程技术的开发研究和应用实践方面，其技术水平和管理经验在世界上位居前列，欧洲也是世界上大中型沼气厂最普及的地区。欧洲沼气技术发展开始于 20 世纪 70 年代，当时人们开始重视可再生能源和绿色能源。早期的沼气

装置普遍存在管道堵塞、配套设备质量差、沼气利用方式落后、效率不高等问题，导致沼气工程经济效益差，部分沼气池停止使用。从 1980 年到 1990 年，其间，欧洲建造的沼气工程数量相对较少，但消化工艺和装备质量都明显提高，工程造价也相对降低。20 世纪 90 年代进入快速发展期，到 2000 年以后欧洲的沼气产业更是得到了迅猛发展。截至 2017 年，欧盟国家年产沼气 500 亿米^3，提纯的生物天然气产量约为 20 亿米^3，产能位居世界首位，主要用于中小区域民用供暖、工业供热、发电及车用燃料等。瑞典是提纯沼气做汽车燃料技术最先进的国家，诞生了世界上第一列生物天然气火车，生物天然气满足了全国 30％的车用燃气需求。

德国是欧洲最大的沼气生产国，至 2017 年有近 10 000 个大型沼气工程，208 个大型生物天然气工程，年产沼气量达 200 亿米^3。德国拥有世界上先进的沼气工程技术，在沼气应用发展以及自动化水平上一直处于世界领先地位，其沼气工程主要特点有：一是以混合厌氧发酵为工艺，提高产气率。德国的沼气工程大部分采用混合厌氧发酵为工艺，采用"沼气发电，余温制热，恒温发酵"的模式，中型发酵池面积 800～1 500 米^3，处理农业废弃物的沼气工程在 2 000～5 000 米^3 之间。二是设备制造水平高，工作效率高。德国沼气工程在进料设备、搅拌设备、脱硫设备、沼气存储设备、热电联产成套设备等方面都处于世界领先水平。很多沼气工程由于采用先进的自动化控制技术，仅需一人便可以对整个系统进行全面监视和控制，降低了人员成本，提高了系统稳定性。三是自动化水平高。德国的沼气工程中大中型系统都实现了实时在线监控，自动化水平高，发酵系统都配有恒温系统，并且对影响发酵过程的重要参数 pH、温度实现了重点监控，保证了产气率。

我国畜禽废弃物资源化利用主要在肥料化、饲料化、能源化三个方面：

（1）肥料化利用

主要有高温堆肥、膨化处理、水解处理和直接用作肥料等。在所有利用方式中，高温堆肥以其无害化程度高、腐熟程度高、堆腐时间短、处理规模大、成本较低、适于工厂化生产等优点而成为首选方式。高温堆肥成功的关键是使微生物正常繁衍，并保证微生物旺盛生长和优势菌种的合理更替。因此，必须适当调节堆肥物料的酸碱度、温度、氧气及碳氮比等环境因子，以提高堆肥效率。现代堆肥法利用发酵池、发酵罐等设备，为微生物活动提供必要条件，可提高效率 10 倍以上。如利用生物发酵塔工艺优化筛选发酵菌种，物料转化率高；同时采用密闭式发酵塔，充分利用发酵中产生的热能，节约大量能源。其工艺为自动化控制连续生产，生产过程实现畜禽废弃物的完全处理利用。但是肥料化技术周期较长，不能及时处理粪便，存在造成二次污染的风险。

（2）饲料化利用

畜禽废弃物如猪粪、鸡粪等含有大量的蛋白质、B 族维生素、矿物质元素、粗脂肪和一定的碳水化合物，并且氨基酸含量丰富，种类齐全，是制作饲料的好原料。青贮法是将畜禽废弃物与作物秸秆、饲草或其他粗饲料一起青贮，它可以提高适口性、饲料利用率、蛋白转化效率。可利用鸡粪替代部分精料来养牛、喂猪。热喷法是畜禽废弃物通过热蒸与喷放处理，改变其结构和某些化学成分，经消毒、除臭后，变为更有价值的饲料。干燥法是经过人工干燥达到消毒、杀菌、除臭的效果。由于饲料化存在适口性差、能量低、含有致病性微生物等弊端，规模化利用可行性不高，因此一般不提倡饲料化利用。

（3）能源化利用

畜禽废弃物能源化技术主要是进行厌氧消化生产沼气，厌氧消化法具有低成本、低能耗、占地少、负荷高等优点，是一种有效处理畜禽粪便和资源回收利用的技术。它不但能产生清洁能源，还可以消除臭气、杀死致病菌和致病虫卵，解决畜禽粪便污染问题。其输出沼气、沼液、沼渣按食物链关系可作为下一级生产活动的原料、肥料、添加剂和能源等，实现物质多层次、多循环地利用。能源化利用技术是实现我国规模养殖场废水处理与资源化利用的主要方法。目前，这种工艺已经相当成熟，很多地方都已建立了畜禽废弃物沼气化利用技术。有关沼气化利用的研究主要集中在规模与工艺，沼气、沼液、沼渣的利用方式，以及效益分析上。

（二）畜禽养殖废弃物资源化利用研究进展

国外关于畜禽养殖废弃物资源化利用的研究重点在技术和模式实践，针对畜禽养殖废弃物污染排放和处理问题，较为有效的方法就是种养结合，通过种养结合能够将粪便处理和农田种植结合起来，实现资源的循环利用，以畜禽养殖所产生的排放物进行处理还田，或者实施沼气加工、堆肥处理。通过提取畜禽废弃物中的氮磷钾等营养元素进行农业种植的养分供给，从而实现种植业和畜牧业的可持续发展。英国种植业和畜牧业养殖废弃物资源利用能够实现有机结合，畜禽粪便能够实现 50% 以上的还田，体现了较高水平的畜禽养殖和种植业的循环发展，实现粮食增产和畜牧业提质的效果。

目前国外关于畜禽废弃物资源化利用主要的方式有还田、沼气发酵等，其原则都是以循环利用、可持续发展为目的。如美国实践表明干式厌氧技术十分有效，能够极大地提升资源的利用效果，能够推动规模化的资源利用水平，添加秸秆混合畜禽粪便发酵生产沼气成为较受欢迎的方式。从国外最初的技术研发开始，资源循环利用的技术手段已经开始受到广泛关注，并且对于农业生产的可持续发展带来重要的指导意义。

党的十八大以来，我国对于生态文明建设给予高度重视，并且专门提出对于农业废弃物循环利用的要求，自此开始进入到深入研究阶段。关于畜禽废弃物资源化利用，贺晓燕（2021）总结了我国畜禽养殖废弃物资源化利用进展，分析了未来发展趋势。吴碧珠（2020）、许金新（2021）聚焦总结我国畜禽养殖废弃物资源化利用现状，查找存在问题，思考发展对策。相关研究表明，畜禽养殖废弃物资源化利用的发展趋势，制度保障对畜禽废弃物资源化利用有重要影响，完善的法律法规制度，能够倒逼污染防治，推动资源优化利用，引导公众配合污染防治。

农村畜禽养殖废弃物资源化利用在配套设施、技术和效益总体不足，遵循绿色生态发展思路，坚持种养结合、循环发展的理念，开发高效畜禽养殖废弃物资源化利用模式，能源化和肥料化要规模化、机械化，走全方位市场化运作，保证生态与社会效益的实现，推动农业产业的循环发展。陈秋红等（2020）通过研究指出畜禽养殖废弃物资源化利用近几年受到高度重视，并且结合当下农村生态治理的需求提出切实可行的发展建议，指出要走递进式发展道路，要因地制宜地进行技术推广，并且保证政府部门之间的协作沟通，通过制定完善的管理标准，以行业标准、责任机制去推动畜禽养殖废弃物资源化利用的发展，形成政府、企业和养殖户之间的利益共同体，形成治理合力。李姗姗等（2021）提出推进畜禽养殖废弃物资源化利用，重点要加强标准化建设。杜晓丹等（2021）对规模化畜禽养殖产生的大量废弃物资源化利用标准问题开展了研究。

（三）养殖废弃物资源化利用产业发展政策支持

2007 年国家环境保护总局出台《关于加强农村环境保护工作的意见》，通过发展农村户用沼气来解决农业废弃物任意排放问题，以加快推进畜禽养殖废弃物资源化利用，促进农业可持续发展。近年来国家先后出台了一系列政策文件支持畜禽粪污资源化利用工作。如《畜禽规模养殖污染防治条例》提出国家鼓励和支持采取粪肥还田、制取沼气、制造有机肥等方法，对畜禽养殖废弃物进行综合利用。2016 年 8 月，农业部在《关于推进农业废弃物资源化利用试点的方案》中鼓励各地探索农业废弃物资源化利用的有效治理模式。2017 年 6 月，国务院出台了《关于加快推进畜禽养殖废弃物资源化利用的意见》，明确要构建种养循环发展机制来推进畜禽养殖废弃物资源化利用。2017 年，中共中央办公厅、国务院办公厅印发的《关于创新体制机制推进农业绿色发展的意见》中明确提出建立绿色农业标准体系，制定修订畜禽粪污资源化利用国家标准和行业标准，完善畜禽粪污等资源化利用制度，以沼气和生物天然气为主要处理方向，以农用有机肥和农村能源为主要利用方向，强化畜禽粪污资源化利用。2018 年，《乡村振兴战略规划（2018—2022 年）》提出在种养密集区域，探索整县推进畜禽粪污全量资源化利用。2019 年国务院发布的《关于促进乡村产业振兴的指导意见》明确提出推进种养循环一体化，支持畜禽粪污资源化利用，做强现代种养业，推动种养业向规模化、标准化、品牌化和绿色化方向发展，不断提高质量效益和竞争力。

中央 1 号文件连续多年强调推进畜禽粪污资源化，2018 年指出要加强农村突出环境问题综合治理，推进畜禽粪污处理；2019 年提出发展生态循环农业，推进畜禽粪污等农业废弃物资源化利用，实现畜牧养殖大县粪污资源化利用整县治理全覆盖；2020 年提出治理农村生态环境突出问题，大力推进畜禽粪污资源化利用；2021 年再次明确要推进农业绿色发展，加强畜禽粪污资源化利用。

为贯彻落实党的十九大精神，按照国务院办公厅《关于加快推进畜禽养殖废弃物资源化利用的意见》的要求，2018 年，农业农村部办公厅印发《关于开展畜禽养殖标准化示范创建活动的通知》提出要新创建一批生产高效、环境友好、产品安全、管理先进的畜禽养殖标准化示范场，加快推进畜牧业现代化。为保证创建活动顺利开展，农业农村部特组织制定了《畜禽养殖标准化示范创建活动工作方案（2018—2025 年）》明确每年创建现代化的畜禽养殖标准化示范场目标。在政策的推动下，各地涌现了许多各具特色的畜禽粪污治理模式，尤其是以规模化畜禽养殖场沼气工程为纽带的循环农业模式，实现了种植业、养殖业和沼气产业的循环发展。

中央财政高度重视并积极支持畜禽养殖废弃物处理和资源化利用工作，2018 年中央财政安排资金 20 亿元开展畜禽粪污资源化利用试点，采取以奖代补方式，选择部分省市县推进整建制治理，重点支持以农用有机肥和农村能源为重点的第三方处理主体相关设施建设，以及规模养殖场节水养殖工艺和设备改进、粪污资源化利用配套设施建设等，加快推进畜禽粪污治理。2000 年始，国家每年补助资金支持地方畜禽养殖场沼气工程建设，来解决一些重点养殖区域规模养殖场对周围环境的污染问题。与此同时，国家发展改革委会同农业农村部大力推进畜禽养殖废弃物处理和资源化利用，累计安排中央预算内投资

600 多亿元，重点支持规模养殖场标准化改造、农村沼气工程建设。截至目前，通过中央投资有效带动地方、企业自有资金，累计改造养殖场 7 万多个，建设中小型沼气工程 10 万多个、大型和特大型沼气工程 6 700 多处，有效提高了规模养殖场的粪污处理能力和资源化利用水平。

（四）畜禽养殖废弃物资源化利用产业化发展面临的挑战

我国从资金支持、技术支持和政策支持等多个方面推动生态循环农业的发展，对提升畜禽养殖废弃物综合利用水平具有非常重要的意义。但是畜禽养殖废弃物资源化产业化发展还面临四方面挑战。

一是畜禽养殖废弃物资源化技术有待提升。粪污资源化利用产业化需要稳定和高效技术，如以氨气或 N_2O 挥发方式的造成氮流失，粪污长周期堆肥产生的臭气以及厌氧工程中沼气贮存和有效利用等方面，还需要有突破。养殖废弃物收储运、多原料共发酵和三沼综合利用等方面，需要在工艺技术、项目运营有更多创新。长期施用养殖粪肥生产的有机肥导致农田抗生素等残留，给粪污资源化利用进程造成障碍。畜禽养殖废弃物资源化利用是综合性的产业发展，当前养殖污染防治技术集中在单个环节开展大量研究和实践，而可覆盖源头减排，粪污收集、贮存、处理，到末端资源化利用的整套技术体系不多，能够推广应用的更少，特别是在区域和流域尺度层面上成套技术更是缺乏。

二是金融供给难以满足粪污资源化利用产业化融资需求。金融产品与服务的创新能力依旧无法弥补众多养殖户的环保资金缺口，目前畜禽养殖污染处理工程的建设资金主要来源于自有资金和政府补贴，商业银行等金融机构的作用并没有得到充分显现，产业发展仍然面临着严峻的资金短缺问题（李容德，2018）。粪污资源化利用企业吸引社会资本能力弱，相较于与工业和服务业，畜禽养殖产业收益率低、风险大、成本高、资金回收期长，难以吸引以利润最大化为目标的社会资本对其进行投资。社会资本参与农业项目的前提是保证收益率（陈军等，2019），而现在的养殖场粪便资源化利用一次性投入大，投资回收期比长，集中处理和资源化利用规模效益难以短时间形成，导致项目吸引社会资本能力不强。金融机构出于盈利性的要求，需要对风险进行评估与监测，而商业银行绿色资产评估标准缺失、风险分担机制不健全等问题，为金融机构的风险和成本控制带来了不小的挑战，导致金融机构放贷缺乏主动性，降低了金融在支持畜禽养殖废弃物资源化利用的作用。

三是市场化运作困难重重。畜禽养殖市场化过程中，市场化困境充分体现在主体缺失、建设资金投资大以及产品市场价值低等方面（郑绸，2019）。从现状看，在畜禽养殖废弃物的市场化过程中面临着能够参与市场的主体不足，市场中存在一些针对畜禽养殖废弃物资源再生的专业公司，但是通常规模不大、数量不足，其内部产品有待丰富。畜禽养殖废弃物及其资源化产品市场价值低，伴随着人民群众生活质量的提升，有机蔬菜、有机食品的需求在市场中日益增加，同时有机肥料的使用逐渐变得普遍，绿色有机种植户本应提高有机肥源的需求，但是这种需求受到重金属和兽药的残留而市场价值不断降低（邓晨，2020）。除此之外，因为畜禽养殖废弃物资源化利用产品加工的技术原因，市场上相关产品品种较少，主要涉及初加工，即使存在其延伸产品，附加值也低，市场中能提供的资源化产品品种类较少，畜禽养殖废弃物价值有待提高。第三方收集处理模式，由于粪污处理和运输的成本较高，另外种植主体对其买来的肥料是否能够达到预想的效果存在顾虑

（张黎鑫，2021），销售渠道不畅通等原因，多处于亏损或者勉强经营的状态。市场需求量少是畜禽养殖废弃物和相关产品的主要特点，从供给角度看，畜禽养殖废弃物品质差异、信息不对称、种养户种养分散性、供需交易时间错位、畜禽养殖废弃物流通渠道单一、交易成本高等原因产生的供求不平衡，供求脱节，供需缺乏有效衔接。

四是畜禽粪污资源化利用激励机制没有充分发挥好。如《畜禽规模养殖污染防治条例》涉及有机肥生产的税收优惠、运输优惠、不低于化肥补贴标准的优惠政策等，缺乏可执行、可实施的配套措施，导致这些优惠政策落实难。依据国家颁布的化肥优惠政策，制定出农户在使用有机肥过程中的激励措施，随着从生产到使用化肥的优惠措施正在逐步取消，将有机肥和化肥优惠政策捆绑在一起难以发挥出应有的激励作用（金书秦，2018）。对于上级下发的政策性文件，不同地区、不同人员等对其理解不尽相同。如畜禽养殖场沼气发电能够享受可再生能源的补贴，在实际政策执行中，沼气发电这种优惠常常以"发电量小""发电技术不符合标准"等为理由难以并网。从整体看，促进畜禽污染治理设施建设政策的落实和使用效果不是很理想。

──────────── **本 章 参 考 文 献** ────────────

曹瑞，2021. 序批式活性污泥工艺系统处理畜禽养殖废水的研究 [D]. 西安：西安理工大学.

陈秋红，张宽，2020. 新中国 70 年畜禽养殖废弃物资源化利用演进 [J]. 中国人口·资源与环境，30（6）：166-176.

陈军，程敏，曾卓，2019. 创新农业 PPP 模式推广应用路径的思考——基于潜江市农业废弃物资源化利用的启示 [J]. 农村经济（4）：116-121.

陈菁，2010. IC＋BCO＋氧化塘工艺处理养猪废水的工程应用研究 [D]. 南昌：南昌大学.

邓晨，宾慕容，2020. 畜禽养殖污染防治财政补贴绩效分析 [J]. 新会计（12）：32-36.

杜晓丹，朱晓春，贾向春，等，2021. 规模化畜禽养殖废弃物资源化利用标准研究 [J]. 中国标准化（9）：218-221.

龚丽雯，龚敏红，王成云，等，2003. 微电解-接触氧化-稳定塘处理猪场废水 [J]. 中国给水排水（8）：92-94.

郭珊珊，2019. 基于农田氮磷养分平衡的成都平原地区畜禽承载潜力研究 [D]. 成都：西南交通大学.

郭辉，2018. 农村畜禽养殖农田环境承载力实例研究 [D]. 武汉：湖北大学.

何理，2015. 基于畜禽养殖废水处理的好氧颗粒污泥系统启动与稳定运行研究 [D]. 哈尔滨：东北林业大学.

贺珊，2020. 昌图县畜禽养殖环境承载力评价及预测 [D]. 沈阳：沈阳农业大学.

贺晓燕，2021. 畜禽养殖废弃物资源化利用进展 [J]. 当代畜牧（5）：60-61.

黄敬宝，2006. 外部性理论的演进及其启示 [J]. 生产力研究（7）：22-24.

黄守宏，2021. 生态文明建设是关乎中华民族永续发展的根本大计 [N]. 人民日报，12 月 14 日第 09 版.

黄显雷，2018. 基于种养结合的畜禽养殖环境承载力评价研究 [D]. 北京：中国农业科学院.

贾丽虹，2003. 外部性理论及其政策边界 [D]. 广州：华南师范大学.

金书秦，韩冬梅，吴娜伟，2018. 中国畜禽养殖污染防治政策评估 [J]. 农业经济问题（3）：119-126.

鞠昌华，芮菡艺，朱琳，等，2016. 我国畜禽养殖污染分区治理研究 [J]. 中国农业资源与区划，37（12）：62-69.

廖新梯，骆世明，吴银宝，等，2005. 风车草和香根草在人工湿地中迁移养分能力的比较研究 [J]. 应用生态学报，16（1）：156-160.

李姗姗，洪登华，张士胜，2021. 我国畜禽养殖废弃物资源化利用及标准化建设 [J]. 安徽农学通报，27（19）：152-154.

李容德，2018. 绿色金融支持农村畜禽废弃物处置面临的现实困境与破解路径 [J]. 金融与经济（5）：89-92.

刘佳骏，董锁成，李泽红，2011. 中国水资源承载力综合评价研究 [J]. 自然资源学报，26（2）：258-269.

刘杰，2012. 源分离-多段厌氧-生态沟渠处理南方丘陵农村分散养猪废水集成工艺研究 [D]. 长沙：湖南农业大学.

罗士俐，2009. 外部性理论的困境及其出路 [J]. 当代经济研究（10）：26-31.

孟祥海，2014. 中国畜牧业环境污染防治问题研究 [D]. 武汉：华中农业大学.

潘丹，孔凡斌，2019. 中国农村突出环境问题治理研究 [M]. 北京：中国农业出版社.

石慧超，2018. 吉林市畜禽养殖污染现状分析及防治模式研究 [D]. 长春：吉林大学.

施雅凤，曲耀光，1992. 乌鲁木齐河流水资源承载力及其合理利用 [M]. 北京：科学出版社.

宋福忠，2011. 畜禽养殖环境系统承载力及预警研究 [D]. 重庆：重庆大学.

宋国君，金书秦，傅毅明，2008. 基于外部性理论的中国环境管理体制设计 [J]. 中国人口·资源与环境（2）：154-159.

孙鳌，2009. 治理环境外部性的政策工具 [J]. 云南社会科学（5）：94-97.

覃一枝，2018. 湘江流域畜禽养殖企业环境成本评估 [D]. 长沙：湖南农业大学.

唐剑武，叶文虎，1998. 环境承载力的本质及其定量化初步研究 [J]. 中国环境科学，18（3）：227-230.

王英刚，高殊净，王辉，等，2020. 我国畜禽养殖环境污染评价研究进展 [J]. 沈阳大学学报（自然科学版），32（4）：285-291.

万凤，2012. 农村分散养猪废水处理工艺研究 [D]. 邯郸：河北工程大学.

吴碧珠，2020. 我国畜禽养殖废弃物资源化利用现状及建议 [J]. 福建农业科技（12）：25-29.

肖琴，周振亚，罗其友，2019. 长江中下游地区畜禽承载力评估与预警分析 [J]. 长江流域资源与环境，28（9）：2050-2058.

熊学振，杨春，马晓萍，2022. 我国畜牧业发展现状与高质量发展策略选择 [J]. 中国农业科技导报，24（3）：1-10.

许彪，施亮，刘洋，2015. 我国生猪养殖行业规模化演变模式研究 [J]. 农业经济问题，36（2）：21-36，110.

徐桂华，杨定华，2004. 外部性理论的演变与发展 [J]. 社会科学（3）：26-30.

许金新，王蕾蕾，2021. 畜禽养殖废弃物资源化利用中的问题与对策 [J]. 山东畜牧兽医，42（8）：39-40.

薛豫南，2020. 基于循环经济的畜禽污染治理动力机制 [D]. 大连：大连海事大学.

杨利伟，2011. 分散式养猪废水处理技术工艺研究 [D]. 西安：西安建筑科技大学.

杨志武，钟甫宁，2010. 农户种植业决策中的外部性研究 [J]. 农业技术经济（1）：27-33.

尹俊，2022. 必须牢牢把握高质量发展主题 [J]. 支部建设（5）：12-13.

张彩莹，2012. 潜流人工湿地对畜禽养殖废水深度处理技术研究 [D]. 郑州：郑州大学.

张宏军，2008. 劳动力市场失灵及规制架构略论 [J]. 经济问题（2）：20-22.

张天宇，2008. 青岛市环境承载力综合评价研究 [D]. 青岛：中国海洋大学.

张五常，2002. 经济学方法论［J］. 社会科学战线（4）：206-214.

张占斌，王茹，2019. 习近平生态文明思想的发展历程、内涵特点和价值意蕴［J］. 环境保护，47
　（17）：14-22.

张黎鑫，2021. 畜禽粪污资源化利用工作的难点和解决措施——基于山东省日照市工作实践经验［J］.
　中国畜牧业（6）：56-58.

赵建军，2019. 习近平生态文明思想的科学内涵及时代价值［J］. 环境与可持续发展，44（6）：38-41.

赵丽，2017. AMBR-MABR 耦合工艺处理模拟畜禽养殖废水的启动和运行的研究［D］. 北京：北京林
　业大学.

Clapham J H，1922. The Rise of Cotton Mills in the South［J］. The Economic Journal（127）：32-126.

Knight F，1924. Some Fallacies in the Interpretation of Social Costs［J］. The Quarterly Journal of
　Economics（38）：582-606.

Marshall A，1920. Principles of economics：an introductory volume［M］. Macmillan.

第二章 畜禽养殖废弃物资源化利用及产业发展政策

推动畜禽养殖废弃物资源化利用及相关产业发展离不开科技的支撑，但更为重要的是提供强大的政策支持。构建完善的畜禽规模养殖污染防治和废弃物资源化利用的政策支持体系，增加政策制定和实施的整体性和配套性，以促进畜禽养殖产业良性发展。本章在吸收国外畜禽养殖废弃物治理和资源化利用政策制定经验的基础上，对我国相关政策的演变进行梳理，探索其中的规律，为当前江西省畜禽废弃物资源化利用实践及其产业发展提供启示和借鉴。

第一节 国内外畜禽养殖废弃物污染治理政策

一、国外畜禽养殖废弃物污染治理政策与借鉴

20 世纪 50 年代，大规模集约化畜禽养殖在国外众多发达国家中兴起，养殖污染一度困扰着政府对畜禽养殖发展形势的研判。日本曾用"畜产公害"这一极端词汇来形容畜禽养殖废弃物污染对公众生存环境的影响（孟祥海，2014）。事实上畜禽养殖废弃物污染处理不当也确实曾给人类生活带来了极大的伤害。早在 1993 年，美国威斯康星州密尔沃基市城市供水就受到过养殖场畜禽粪便的污染。由于供水系统被畜禽粪便中所带的原生寄生物污染，引发了美国近代史上规模最大、范围最广的一次集体性、突发性腹泻症。据统计，当时的受感染者超过 40 万人（沈晓昆，2011）。针对畜禽养殖废弃物污染防治这一重大环境治理问题，国外发达国家均制定了一系列政策措施予以严格控制，并通过系统的立法程序将其规范化（杨泽霖，2002）。

（一）美国畜禽养殖废弃物污染防治的三级管理政策

美国制定了一系列严格且细致的法律体系用以对畜禽养殖废弃物污染防治，这些法律法规、政策文件涉及畜禽养殖废弃物防治的行政管理、经济刺激和产业优化等多个领域和多种层面。美国设计的畜禽养殖废弃物防治法律法规和政策分为联邦政府的环保法案、州一级政府的环境保护法规和地方环境管理条例三个层级。其中，国家层面总的法律条文主要是对畜禽养殖废弃物污染防治进行概括性陈述，州一级层面的环境立法中将其制度化，下一级地方政府层面的法律法规条文中再次突出并予以细化。三级法律法规构成了美国对畜禽养殖废弃物污染防治的三位一体式的管理框架并进行有效控制（王尔大，1998）。

美国联邦政府制定的多部法律法规都涉及了畜禽养殖废弃物污染防治的相关规定。诸如《清洁水法》《联邦水污染法》《2002 年农场安全与农村投资法案》《CPS 计划》《动物排泄物标准》《2008 年农场法案》等，规定对畜禽养殖污染防治采取经济和技术扶持等措施。其中，于 1972 年颁布的《清洁水法》第一次将面源污染纳入国家法律，其核心内容为不经由美国环境保护署批准，任何企业均不得向任一水域排放任何污染物，畜禽养殖场被列入污染物排放源的相关法规得到不断修正。《联邦水污染法》中有关畜禽养殖污染防治的规定侧重于畜禽场建设管理。该法规定了对超过一定规模的畜禽场建设必须获得环境许可证。如 1 000 标准头或以上的工厂规模化畜禽养殖场必须得到许可才能建场，而 1 000 标准头以下、300 标准头以上的畜禽养殖场的污水无论是排入贮粪池还是排入水体中均需要获得排污许可证，300 标准头以下的如果没有特殊情况则可经过审批排污。实际情况显示，美国州一级政府在制定和执行联邦法律中发挥了重要作用。事实上，美国畜牧业环境污染控制法规虽然由联邦政府制定，但原则上联邦政府的政策只是对某些州的环境提供基本的质量标准。如何实现这些标准或者具体实现过程中需要采取哪些政策措施则是由州一级政府来制定更为详细的规章制度说明。因此，美国各个州政府都有自己的环境保护法，而且部分州政府的环境保护法要比联邦政府的法规更加严格。此外，在美国的许多市和县级政府也都制定了地方环境保护法。与上两级法规相比，地方法规才能反映当地社会团体的环境保护意愿和诉求。一些条例和内容更加明确了政策实施过程的细节处理，如畜牧规模与土地面积相适应，以保证生产者有足够的土地用于处理牲畜粪便，畜禽养殖者购买环境污染债券，用于治理由养殖引起的污染等（尹红，2005）。

（二）欧洲畜禽养殖废弃物污染防治的政策体系

欧洲的许多国家较早就开始着手建设畜禽养殖废弃物污染防治的法律法规，已经形成了相对健全和完善的政策体系，根据自身特点在法律法规、政策制度等方面调整。比如芬兰是最早对畜禽粪便污染防治进行立法的国家，英国在畜禽养殖废弃物污染防治的管理政策、法律法规等方面制定得更为系统和全面，荷兰在畜禽粪便废弃物的管理方面所制定的政策更加具体和细化。欧洲多数国家对欧盟制定的法规、政策进行改进，使其在畜禽养殖废弃物污染防治的行动上变得更加一致，进一步改进了欧洲畜禽养殖的整体环境状况。

具体来看，欧盟国家制定的有关畜禽养殖废弃物污染防治的重要指令中，如：水框架指令（2000/60/EC）要求其成员国在所有规定的流域范围内设立了达到良好生态状况的水质目标，通过识别和确认现有基本和辅助措施来控制点源污染和扩散性污染；污染预防和控制综合指令（96/61/EEC）中规定在畜禽养殖设施建设及启动之前，其经营者必须提供相关能力证明来获取专门的许可证；《农村发展战略指南（2007—2013 年）》等法令对农村畜禽养殖废气物处理做了更为细致的行动方案。

此外，欧洲各国如德国、英国、法国、丹麦、荷兰、比利时、挪威等也都纷纷制定了符合自己国情的畜禽养殖废弃物污染防治相关法律、法规、政策条例等。众多欧洲国家对畜禽粪便废水用于还田利用的数量做出了明确而详细的限制措施，比如在畜禽粪便贮存及施用方面的详细规定包括最少贮存时间、允许饲养的最多牲畜、单位施用量、施用的具体季节时间等。表 2-1 中列出了部分欧洲国家畜禽养殖废弃物污染防治的相关法规，可以发现它们主要涉及以下几个方面：一是侧重于防止畜禽粪便对水源、水体的污染。二是明确了畜禽养殖场建场的相关许可及规定。三是对畜禽养殖中产生的粪便贮存以及土地利用等设定要求和规定。四是通过征税、补贴等经济手段来控制畜禽粪便排放总量等。可见欧洲各国设定了较为完善的政策体系从各个方面对畜禽养殖废弃物污染进行全面防治。

表 2-1　部分欧洲国家畜禽养殖废弃物污染防治相关政策及其要点

国家	政策文件	与畜禽养殖废弃物污染防治相关的要点
芬兰	《水资源保护法》	1962 年颁布，侧重于养殖场粪便设施的检测，规定新建养殖场必须提前 3 个月申报，获得批准后方可施工
	《污染控制法规》	畜禽粪便贮存设施距离水源至少 100 米，有 4 个月的贮存能力和防渗透结构；畜牧业远离大城市，与农业生产紧密结合
英国	《水资源保护法》	有意或无意向水源中排放污染物均为违法行为
	《伏耕法》	与《水资源保护法》配套，用于保护水资源。规定最高粪肥施用量，禁止冬季休耕时施肥等
德国	《粪便法》	畜禽粪便不经处理不得排入地下水源或地面，畜禽排泄量与当地农田面积相适应，每公顷土地家畜的最大允许饲养量不得超过规定数量
	《肥料法》	规定了粪便回用于农田的标准
丹麦	《环保法》	确定畜禽最高密度指标，施入裸露土地的粪肥必须在 12 小时内施入土壤中，在冻土或被雪覆盖的土地上不得施用粪便，每个农场的贮粪能力要达到 9 个月的产粪量
	《规划法》	养殖不同动物的农场执行不同标准，包括农场与邻居间距离、动物粪便农场污染物的收集处理方案、农场中耕地最小面积、施用动物粪便的种植作物的品种等
挪威	《水污染法》	规定在封冻和雪覆盖的土地上禁止倾倒任何牲畜粪肥，禁止畜禽污水排入河流
法国	《农业污染控制计划》	限制养殖规模和养殖特定区域，禁止在土地上直接喷洒猪粪；对于采取环保措施降低氮化物、硝酸盐等污染物排放，或生产经营活动达到合同规定的环境标准的，政府给予相应资助或补贴
荷兰	《污染者付费计划》	按照粪便的排放量实行分阶段征税
奥地利	《绿色电力法》	鼓励建设消化能源作物与畜禽粪便的沼气工程

资料来源：蒋松竹等，2013。

（三）日本及其他国家对畜禽养殖废弃物污染防治的立法

日本是目前世界范围内在畜禽养殖污染防治方面立法最多且最为细致的国家之一。20世纪 70 年代期间，日本的畜禽养殖废弃物对生态环境造成了相当严重的污染，由此引发政府的高度重视（张彩英，1992）。此后日本政府相继制定出台了 7 部法律对畜禽养殖废弃物污染防治和管理做出明确的相关规定。其中，与畜牧业直接相关的法律为 1970 年颁布的《废弃物处理与消除法》《防止水污染法》和《恶臭防治法》等，间接相关的有《湖泊水质保全特别措施法》《河川法》《肥料管理法》等，另有为促进有机肥合理使用的《化肥限量使用法》。此外，日本还制定了一系列促进环保型农业的法律对畜禽养殖废气物污染防治做出了相应规定，如通称为"农业环境三法"的《可持续农业法》《家畜排泄物法》及《肥料管理法（修订）》等。日本的相关立法具有量化细致性与可操作性等特点，其对危害农业环境的处罚甚至提升到刑罚的高度。在立法过程中日本充分考虑了如何利用财政补贴、税收等手段引导公众共同参与到污染防治之中（刘冬梅，2008）。

虽然国外发达国家在畜禽养殖废弃物污染防治的法律法规、政策文件制定过程中都具有自身国情的考量，但综合来看不难发现，这些相关法律、法规和政策文件大体都可归类为命令控制型和经济激励型两种类型，且具有较为明显的特征区别（孟祥海，2014）。

从命令控制型政策来看。特征之一是各国都制定了非常严格的养殖场环境准入法规或门槛标准。例如，加拿大各省制定了针对畜禽养殖业环境管理的法律法规及其相关技术规范，根据畜禽养殖场的养殖规模、养殖场附近及周边的人口密度和环境功能类型等因素，规定了畜禽养殖场与周围居民居住点的最小间隔距离（单正军，2000）。美国联邦政府1972 年颁布的《联邦水污染控制法》中规定，超过一定规模的畜禽养殖场建场时必须通过环境许可（尹红，2005），艾奥瓦州自然资源局对畜牧业经营许可和畜禽栏舍建筑标准进行了规定，建设饲养 1 000 个以上畜牧单位的露天敞开畜舍需要申请获批畜牧经营许可证，饲养 200 个以上畜牧单位的畜牧企业建设粪便处理设施需要申请获批建筑许可证（王尔大，1998）。英国政府于 1988 年颁布施行并于 1991 年修订的《城乡总体发展规划法令》中规定，畜禽养殖场的建设与任何保护性建筑之间必须有 400 米以上的隔离区域（单正军，2000；刘炜，2008）。

德国政府规定，畜禽粪便未经处理不得排入地上或地下水源中，并对城市或公用饮水区域的家畜饲养密度进行明确规定为：牛 3～9 头/公顷，马 3～9 匹/公顷，羊 18 头/公顷，猪 9～15 头/公顷，鸡 1 900～3 000 只/公顷，鸭 450 只/公顷。加拿大国家饲料协会规定畜禽每日饲料中生产促进剂铜和锌含量的最大限量分别为 125 毫克/千克和 500 毫克/千克，荷兰考虑到可能导致的重金属污染问题，已不再允许在畜禽饲料中添加铜和锌（陶涛，1998）。

特征之二是各国都制定了明确的畜禽粪便贮存与利用管理政策。美国《净水法案》中规定任何畜牧饲养企业只要饲养牲畜数量在 1 000 个畜牧单位以下就可以被认为是点污染源。日本《水污染防治法》中规定猪舍、牛棚和马厩的面积分别为 50 米^2、200 米^2 和 500 米^2 以上且在公共用水区域排放污水的畜禽养殖场，需要在都道府县知事处申报设置特定的设施，并规定了畜禽养殖场的污水排放标准为：BOD 和 COD 允许质量浓度上限值为 160 毫克/升，日平均质量浓度为 120 毫克/升；SS 允许质量浓度的上限值为 200 毫克/升，日平均质量浓度为 150 毫克/升；N 的允许质量浓度上限值为 129 毫克/升，日平均质量浓度为 60 毫克/升；P 的允许质量浓度上限值为 16 毫克/升，日平均质量浓度为 8 毫克/升（刘冬梅，2008）。

加拿大政府规定从事畜禽养殖的农场主需要制定畜禽营养管理计划，内容涉及畜禽粪便贮存和利用计划，规定在养殖场直径 10 千米内必须有充足的土地用于消纳畜禽粪便，如果没有充足的土地，则农场主必须与其他农场签订畜禽粪便使用合同，以确保畜禽粪便能够全部还田利用；农场主编制的畜禽营养管理计划需提交市政主管部门或第三方机构进行审核，审核通过后方可获得生产许可证。荷兰政府建立了畜禽粪便处置协议机制，要求有过剩畜禽粪便的养殖业主必须与种植者或加工商签定粪便处置协议，无法处置过剩畜禽粪便的养殖业主将面临缩减饲养规模或变卖农场的选择。美国艾奥瓦州自然资源局与水质量委员会针对畜禽粪便还田的土壤 N、P 养分承载问题提出了对土地施用粪便标准的指导性意见：即第 1 年每亩作物地施用氮肥的上限值为 400 磅（1 磅约 0.45 千克），以后每年氮肥的施用量需控制在 250 磅以下，磷肥的施用量不能超过作物所能吸收的水平（刘炜，2008）。

荷兰政府针对本国畜牧业养殖密度较高、拥有特殊的气候条件、草地对氮具有很强的吸收消纳能力等特点，规定草地的畜禽粪便氮肥施用限制标准为 250 千克/公顷，而耕地的畜禽粪便氮肥施用限制标准为 170 千克/公顷。欧盟 1991 年实施的《欧盟有机农业和有机农产品与有机食品标志法案》规定，有机农产品的种植必须使用适度的有机农业动物源肥料，当有机肥料不能满足使用时，可以适当补充其他肥料（陶涛，1998；朱宁，2011）。

以经济激励型政策为例。加拿大安大略省为激励畜禽养殖场建立环保型的养殖模式，对配套建设畜禽养殖环保设施设备的业主给予补贴，补贴范围包括畜禽粪便、尿液的储存、利用设施和水源保护设施的设备补贴（刘炜，2008）。荷兰政府制定了粪肥运输补贴计划和脱水加工成粪丸的出口计划并由国家补贴建立粪肥加工厂，以促进对过剩粪肥的处理利用。日本农林水产省出台了保护畜产环境的相关行政管理措施，一方面在经济上资助有助于改善和保护畜产环境设施的事业，如畜产环境对策研究事业、畜产经营环境改善事业、改进畜产经营事业以及促进家畜粪尿处理利用新技术实用化事业等；另一方面为畜产环保事业建立良好的融资机制，畜禽养殖场的粪便处理设施所需资金可向都道府县设置的农业改良资金特别会计处或农林渔业金融公库申请免息贷款。此外在课税政策上，对于畜禽养殖场环保设施采取减轻课税标准和减免不动产所得税的办法（张彩英，1992）。

二、我国畜禽养殖废弃物污染治理政策与实践

我国是一个农业大国，农业是国民经济发展的根基，而畜牧业正是我国农业四大产业（种植业、林业、畜牧业和渔业）的基础性产业之一。但是畜牧业中的畜禽养殖产业却是一个高污染产业，对人类生活的环境质量产生影响，如果不妥善处理，可能会引发严重的环境污染问题。孟祥海等（2014）在对畜牧业环境污染形势开展研究进，全面阐述了我国相关环境治理政策。早在"十二五"时期，我国各地就已经将规模化畜禽养殖业的污染减排工作纳入总量控制的重点工作之中。21 世纪以来，畜牧业环境污染现象和发展形势引发了政府的高度重视。国家层面陆续制定出台了一系列有关畜禽养殖污染防治的法律法规，并且正在逐步发挥重要作用。《畜禽养殖污染防治条例》提出加强畜禽养殖业环境污染防治已十分必要，养殖业属于弱势产业，污染防治不宜给养殖者造成不必要的负担，不宜简单采用工业污染治理的制度和措施，按照"预防为主、防治结合"的污染治理基本原则，重点规定了预防、综合利用与治理以及激励措施 3 方面的内容，充分体现了畜禽养殖污染防治的特殊性。2012 年 11 月 14 日，环境保护部和农业部联合编制印发了《全国畜禽养殖污染防治"十二五"规划》，系统总结分析了我国畜禽养殖污染防治现状、问题和面临形势，提出了"十二五"时期畜禽养殖污染防治工作的目标、主要任务和保障措施，为各地开展畜禽养殖污染防治工作提供了科学指导，我国畜牧业环境污染防治进入新的发展阶段。

金书秦等（2015，2018）对我国畜禽养殖污染防治政策进行系统评估，蒋松竹等（2013）就畜禽养殖污染防治的法律体系现状进行了系统梳理，黄文明（2019）系统查找畜禽养殖场污染治理存在问题，并提出建议。完善的法律体系反映在战略和战术两个层面，形成立体和层次的交织综合。总体来看，我国现有畜禽养殖污染防治法律体系包括国家与地方两个层面，具体分为 4 个层次（图 2-1）。一是全国人民代表大会制定和颁布的法律，主要是为政策执行提供根本的法律依据。二是国务院制定和颁布的行政法规，主要为

政策的执行提供指导性意见。三是生态环境部、农业农村部等国务院有关部委制定和颁布的部门规章，解决的是如何实施的问题。四是各地为解决当地畜禽养殖污染，依据国家法律及政策的原则而制定的地方规章。需要根据地区差异来执行具体的方案。其中前3个层次为国家层面的法律法规与政策（表2-2），第4个层次为地方层面的法律法规与政策。

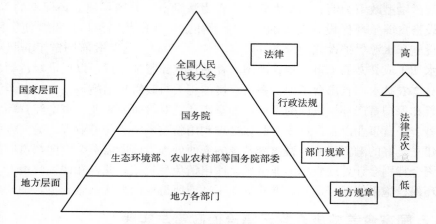

图 2-1　我国畜禽养殖废弃物污染防治法律体系

资料来源：蒋松竹等，2013。

表 2-2　21 世纪以来国家出台的主要相关政策文件

相关政策体系	发布部门	实施时间/年	文件名称
战略规划	党中央、国务院	2018	《乡村振兴战略规划（2018—2022）》
	国务院	2022	《"十四五"推进农业农村现代化规划》
	国家发展改革委	2021	《"十四五"循环经济发展规划》
法律体系	国家环境保护总局	2001	《畜禽养殖污染防治管理办法》
	国务院	2014	《畜禽规模养殖污染防治条例》
	人大常委会	2015	《中华人民共和国畜牧法（2015 修订）》
	人大常委会	2015	《中华人民共和国环境保护法（2014 修订）》
	人大常委会	2018	《中华人民共和国循环经济促进法》
	人大常委会	2018	《中华人民共和国能源节约法（2018 修正）》
标准化体系	国家环境保护总局	2002	《畜禽养殖业污染防治技术规范》
	国家环境保护总局	2003	《畜禽养殖业污染物排放标准》
	环境保护部	2009	《畜禽养殖业污染治理工程技术规范》
	国家质检总局、标准化委员会	2011	《畜禽养殖污水贮存设施设计要求》
	国家质检总局、标准化委员会	2011	《畜禽粪便贮存设施设计要求》
	农业部	2013	《沼气工程沼液沼渣后处理技术规范》
	农业部	2018	《畜禽规模养殖场粪污资源化利用设施建设规范（试行）》
	农业农村部	2019	《畜禽粪便堆肥技术规范》

（续）

相关政策体系	发布部门	实施时间/年	文件名称
行政规范性文件体系	农业部	2007	《全国农村沼气工程建设规划》
	农业部、国家发展改革委、科技部	2015	《全国农业可持续发展规划（2015—2030 年）》
	国务院	2016	《全国农业现代化规划（2016—2020 年）》
	农业部、国家农业综合开发办公室	2016	《关于印发农业综合开发区域生态循环农业项目指引（2017—2020 年）的通知》
	国务院	2017	《关于加快推进畜禽养殖废弃物资源化利用的意见》
	农业部	2017	《畜禽粪污资源化利用行动方案（2017—2020）》
	农业部、环境保护部	2018	《畜禽养殖废弃物资源化利用工作考核办法（试行）》
	农业农村部、生态环境部	2019	《关于促进畜禽粪污还田利用依法加强养殖污染治理的指导意见》
	农业农村部、生态环境部	2022	《关于进一步明确畜禽粪污还田利用要求强化养殖污染监管的通知》

　　资料来源：国务院及组成部门官网。

　　与国外畜牧业环境污染治理政策相似，我国的相关政策大致也分为命令控制型政策和经济激励型两种类型。

　　一是命令控制型政策。2001 年以前，我国缺乏专门性的畜牧环境污染治理的政策体系，只能将《环境保护法》《水污染防治法》《固体废物污染防治法》《大气污染防治法》和《畜牧法》等法律作为畜牧环境污染治理的执法依据进行管理。从执行效果来看，难以实现有效管控畜牧业环境污染的初衷。21 世纪以来，面对严峻的畜牧业环境污染形势，国家层面相继出台了针对性的政策、法律、法规及标准。其中《畜禽养殖业污染物排放标准》（GB 18596—2001）首次明确规定了畜禽养殖业污染物排放标准，明确提出了"无害化处理、综合利用"的总原则，并规定畜禽养殖业应积极通过废水和粪便的还田或其他措施对所排放的污染物进行综合利用，实现污染物的资源化。《畜禽养殖污染防治管理办法》规定畜禽养殖污染防治实行综合利用优先，资源化、无害化和减量化的原则。《畜禽养殖业污染防治技术规范》（HJ/T 81—2001）规定沼液尽可能进行还田利用，不能还田利用并需外排的要进行进一步净化处理，达到排放标准方可排放。《关于加快畜禽养殖废弃物资源化利用的意见》规定鼓励畜禽养殖规模化和粪污利用大型化和专业化，发展适合不同养殖规模和养殖形式的畜禽养殖废弃物无害化处理模式和资源化综合利用模式，污染防治措施应优先考虑资源化综合利用等。

　　二是经济激励型政策。面对严峻的畜牧业环境污染形势，我国政府陆续出台了一系列政策鼓励畜禽养殖场发展沼气工程，以畜禽粪便为主的沼气工程建设能够得到快速增长。截至 2019 年年底，中国农村户用沼气池数量为 3 380.27 万个，沼气工程数量为 10.27 万个。我国沼气建设取得了举世公认的成绩，为解决农民生活燃料、改善农村生态环境、繁荣农村经济做出了贡献。随着我国农业进入新的发展阶段，农村沼气建设对促进农业结构调整、农业增收和生态建设所起作用日益突出，产生了良好的综合效益，有效地推动了畜牧业环境污染治理工作。

第二节　我国畜禽养殖废弃物资源化利用政策

一、我国畜禽养殖废弃物资源化利用政策的演变

新中国成立以来，我国畜禽养殖废弃物处理与利用的相关实践经历了较大的变迁。从畜禽养殖的规模数量来看，20世纪90年代之前畜禽养殖的主要模式是散养，对畜禽养殖产生的废弃物处理与利用基本上是由散养户自行完成，由于养殖数量并不是很多，处理起来较为灵活（许彪，2015）。此后随着畜禽养殖规模逐渐增大，我国对废弃物的资源化利用也逐渐强化。从畜禽养殖废弃物的利用方式来看，早期的养殖户一般都是将畜禽粪便用于还田利用。伴随处理技术的进步和广泛使用，如今畜禽养殖废弃物资源化利用方式实现了多元化发展。与此同时，我国相应的畜禽养殖废弃物资源化利用的相关政策也发生了变化。

李驰等（2019）从技术层面、政策层面和资金层面，分析了畜禽养殖废弃物污染减排工作的重点，从推进沼气工程、生态化养殖、技术规范、管理体系和资金保障等方面提出针对性措施。陈秋红等（2020）对我国畜禽养殖废弃物资源化利用相关政策的演变进行了系统梳理，总结了一系列政策演变过程所经历的三个阶段。

第一个阶段为政策匮乏期（新中国成立至改革开放前）。由于新中国成立不久，基础薄弱百废待兴，直到1973年才召开了首次全国环境保护会议，并且制定了《关于保护和改善环境的若干规定》。但这项规定主要是针对工业排污、废物利用以及城市环境治理等方面制定的原则性问题，并没有涉及对农业污染防治的相关描述。由于沼气处理养殖废弃物在广大农村乡间有着一定的实践基础和应用经验，国家对沼气建设仍有一定关注。由于技术研发滞后，沼气池建造技术没有重大突破，沼气池大多用土法建造，使用效率低下。此外，政府对沼气建设的关注并没有转化为可以指导甚至推进相关实践的有效政策，没有出台正式的政策性文件，因此也就没有促进当时的养殖废弃物资源化利用实践。

第二个阶段为政策奠基期（改革开放后至20世纪末）。改革开放后到20世纪末，国家在农业环境保护方面出台了大量政策和少数专项政策，虽然其中的大多数政策都没有具体涉及畜禽养殖废弃物资源化利用，但在发展路径、法律、理念和行动等方面为后续一系列相关政策的制定提供了依据并奠定了较为扎实的基础。具体来看，这些政策文件主要作用表现在以下几个方面。

第一，宏观指导性的规划为我国农业环境治理指明了长期发展路径。1982—1986年，国家连续5年发布了关于农业农村问题的中央一号文件。其中，1982年提出了开展农业技术研发、建立农技推广机构以及培养农业专业人才等要求。1983年提到要进行农业技术改造、建立健全农业科技研究和推广体系，继续建设农业人才培养体系并提出沼气技术研发的紧迫性。这些文件的出台体现了中央有关部门和农业研究机构对生产要素价格变化和技术研发紧迫性的关注。此外，"六五"规划、"七五"规划以及1993年颁布的《九十年代中国农业发展纲要》也在一定程度上指导了畜禽养殖业及其废弃物资源化利用实

践等。

第二，部分规范性文件为我国畜禽养殖废弃物资源化利用奠定了法律基础。其中，最为重要的是 1989 年出台的《中华人民共和国环境保护法》和 1993 年出台的《中华人民共和国农业法》。前者对农业环境保护主体的权责做出了原则性规定，为今后的环境管理工作提供了法律依据；后者则规定了农业生产的一般性原则。这两部法律在本质上界定了生态资源产权，对地方政府执行有关政策以及养殖户承担废弃物资源化利用责任提供了激励，在今后发布的一系列相关政策文件中处于核心地位。此外，1990 年实施的《中华人民共和国标准化法实施条例》也对养殖废弃物资源化利用政策发展具有重要作用。该法第一次在法律层面将农林牧渔业的产品及其管理技术纳入可标准化的体系内，既认可了已出台的行业标准，又推动了更完善相关标准的制定，为相关新技术的推广和工厂化发展奠定了基础。三部法律法规共同构成了相关"辅助法体系"的主要内容，是畜禽养殖废弃物资源化利用所有政策的立法基础和效力保障。

第三，1992 年联合国环境与发展大会后，国家的相关行动奠定了畜禽养殖废弃物资源化利用的理念基础。国务院发布的《我国环境与发展十大对策》中对发展生态农业、保护农业生态环境提出了新的要求。1994 年，国务院编制和发布《中国 21 世纪议程——中国 21 世纪人口、环境与发展白皮书》对农业与农村的可持续发展和可持续能源生产的目标、行动依据与具体行动做出了较为明确的部署，为推进农业农村可持续发展提供了指导。这些行动方案全面推广了可持续发展理念。进入 21 世纪后，可持续发展理念逐渐呈现在相关政策文件中，并替代"污染防治"成为畜禽养殖废弃物治理的核心理念，并最终被提升到生态文明建设的高度。

第四，部分具体政策成为今后实施相关专项政策的行动基础。改革开放后，沼气发酵逐渐替代堆肥处理成为养殖废弃物资源化利用的重要手段，政府对相关技术研发和人才培养也提出了具体指导意见。1979 年颁布的《关于当前农村沼气建设中几个问题的报告》提出沼气技术研发和人才培养的要求，为今后相关专项政策的制定提供了方向。实践中沼气技术的推广面临生产技术不统一、设备建造不规范等问题，对此，20 世纪 80 年代，国家制定了一系列与沼气技术配套的标准，仅 1984 年就发布了《家用沼气灶》《农村家用水压式沼气池标准图集》《农村家用水压式沼气池质量检查验收标准》和《农村家用水压式沼气池施工操作规程》等一系列国家标准。另外，为了解决沼气池建设的资金约束，国家于"六五"期间每年发放 4 000 万贴息贷款用于农村沼气池建设。这些政策或标准涉及人才培养、技术推广和资金支持等多个方面，奠定了后来沼气建设专项政策的方向。不过，这一时期的政策也存在诸多问题，主要体现在政策制定仍不够具体，首先在法律法规层面，没有专门针对畜禽养殖污染治理的政策，甚至关于农村环境保护的政策也仅散见于各类文件中；其次相应的专项政策未形成完整的体系，例如相关专项政策仅针对沼气池建设而忽视了农村能源、沼气产品使用和销售等，这极大地制约了政策执行的效率。

第三个阶段为政策发展期（21 世纪初至今）。进入 21 世纪后，在奠基期相关政策的基础上，国家制定了一系列畜禽养殖废弃物资源化利用的政策。2000 年后不断建立健全相关法律、行政法规、部门规章，这一时期相关政策发展呈现出以下特点。

第一，以支持沼气工程建设为先导的相关政策体系逐步完善。2000 年，农业部颁布

《大中型畜禽养殖场能源环境工程建设规划》对大中型沼气工程建设及其综合利用进行了技术和经济可行性分析。同年，农业部提出"生态家园富民计划"，国家对能源生态综合体系建设加大了支持力度，2001年和2002年分别投入1亿元和3亿元进行沼气建设。此后随着2003年《农村沼气建设国债项目管理办法（试行）》的颁布，国家启动了农村沼气建设国债项目。根据《中国农业年鉴》（2007—2016年，历年）和《中国农村能源年鉴》（2009—2013，历年）数据统计，2003—2005年，中国每年在农村沼气建设方面的投入约为10亿元；2006—2007年，在此方面每年投入达到25亿元；2010年此方面的投入高达54亿元，之后略有下降（2015年中央拨款约37亿元，2016年中央拨款为28亿元）。强大的资金扶持显著提高了环境友好型畜禽粪便处理方式的应用率（潘丹，2016），推动了这一时期沼气技术的完善。此外，2007年颁布的《养殖小区和联户沼气工程试点项目建设方案》和《全国农村沼气工程建设规划》对其后农村户用沼气池建设和大中型沼气工程建设做出了详细规划，为其后养殖废弃物能源化利用的发展提供了切实依据（吴树彪，2008）。至此，针对沼气技术的专项政策基本形成了涉及长期规划、法律保障、技术标准和资金支持等的政策体系，推动了沼气技术的应用。

除了针对沼气的专项政策，相关辅助政策体系的完善在技术普及实践中也发挥了重要作用。其中，发展最快、成就较大的是标准化体系，而法律体系和行政规范性文件体系的建立则较为滞后。进入21世纪后，由于沼气技术和堆肥技术开始从工业化向商品化、产业化发展，对产品标准化的需求增加，为此，各部门逐步完善了标准化体系，在更新原有标准的基础上，发布了畜禽养殖废弃物资源化利用各环节的标准和工程技术规范。

自2001年国家环境保护总局发布《畜禽养殖污染防治管理办法》后，国务院发布《畜禽规模养殖污染防治条例》，这是中国农村和农业环保领域的第一部行政法规。这一条例的出台，从两个方面影响着畜禽养殖废弃物资源化利用的发展进程：一是从实践角度看，该条例适用性较强，使中国养殖废弃物资源化利用实践有了切实可依的法律规范。数据表明，自2014年这一条例正式实施以来，超过百件裁判文书引用了该条例中的条款，说明该条例对养殖废弃物资源化利用实践起到了较好的规制作用。二是从理论角度而言，该条例的出台标志着畜禽养殖污染治理目标从单纯的污染控制转向综合的可持续发展，在行政法规层面确立了治理理念的转变（金书秦，2018）。

2014年后，国家颁布了一系列涉及畜禽养殖废弃物资源化利用的长期发展规划，这些行政规范性文件体系，对相关法律提供了辅助和补充，且有很强的前瞻性，从不同角度弥补了法律法规关于畜禽养殖废弃物资源化利用的空缺，指导了今后的发展方向。

第二，政策的可执行性增强。进入21世纪后，畜禽养殖废弃物的沼气化利用更加完善、其他资源化利用方式也逐渐得到发展，相关实践的发展直接推动了相关政策（如确立行业标准）的完善，也增强了相关政策的可执行性和与实践的匹配程度。具体来看，2005年颁布和2015年重新修订的《中华人民共和国畜牧法》在一定程度上代替了《中华人民共和国农业法》，成为养殖废弃物资源化利用的核心法律之一。该法明确规定养殖场应建设相应的废弃物处理设施，规范了养殖主体的行为。2015年重新修订的《中华人民共和国环境保护法》明确指出畜禽养殖场的选址、建造环节应当符合环境友好的要求。同年发布的《全国农业可持续发展规划（2015—2030）》以及2016年发布的《全国农业现代化规划（2016—2020）》都规定了量化目标，要求在 2020 年和 2030 年畜禽养殖废弃物综合利用率分别达到 75％和 90％。甚至最具宏观指导性的五年规划和中央一号文件也逐渐将相关长期目标具体化、精确化，增强了对实践的指导意义。

二、我国畜禽养殖废弃物资源化利用政策的应用及成效

2017 年以来，农业农村部坚持以新发展理念为指引，着力在加快转变生产方式、构建新型种养关系上下功夫，大力推进畜牧业供给侧结构性改革，全面推行绿色生产生活方式，畜牧业绿色发展取得积极成效。

为全面推进畜禽养殖废弃物资源化利用，国务院办公厅印发《关于加快推进畜禽养殖废弃物资源化利用的意见》，农业农村部印发《畜禽粪污资源化利用行动方案》，系统构建资源化利用制度体系和政策框架。明确将 586 个畜牧大县作为治理重点，整合优化项目资金实施整县推进，首批支持 100 多个大县整县推进粪污资源化利用，同步建设直联直报系统对规模养殖场进行全程监管。创建了 55 个畜牧业绿色发展示范县和 4 179 家畜禽养殖标准化示范场，总结粪污全量收集还田利用等 7 种实用技术模式。目前，全国粪污综合利用率已经达到 60％，畜禽养殖粪污资源化利用的良好局面正在形成。畜禽粪污资源化利用工作全面启动，各地坚持政府支持、企业主体、市场化运作的运营机制，协调畜牧、种植、农村能源、生态环境等部门合力推进，以规模养殖场粪污资源化利用设施改造升级为重点，推动建立畜禽粪污资源化利用产业链，利用路径逐步清晰，工作机制不断完善，畜禽粪污资源化利用取得了初步成效。

从《国务院办公厅关于加快推进畜禽养殖废弃物资源化利用的意见》《全国畜禽粪污资源化利用整县推进项目工作方案（2018—2020 年）》《畜禽粪污资源化利用行动方案（2017—2020 年）》三份重要政策文件中，可以看出当前国家在推进畜禽养殖废弃物资源化利用方面的要求和相关部署。

《国务院办公厅关于加快推进畜禽养殖废弃物资源化利用的意见》中指明了全面推进畜禽养殖废弃物资源化利用的基本原则，包括统筹兼顾，有序推进。统筹资源环境承载能力、畜产品供给保障能力和养殖废弃物资源化利用能力，协同推进生产发展和环境保护，奖惩并举，疏堵结合，加快畜牧业转型升级和绿色发展，保障畜产品供给稳定。因地制宜，多元利用。根据不同区域、不同畜种、不同规模，以肥料化利用为基础，采取经济高效适用的处理模式，宜肥则肥，宜气则气，宜电则电，实现粪污就地就近利用。属地管理，落实责任。畜禽养殖废弃物资源化利用由地方人民政府负总责。各有关部门在本级人民政府的统一领导下，健全工作机制，督促指导畜禽养殖场切实履行主体责任。政府引导，市场运作。建立企业投入为主、政府适当支持、社会资本积极参与的运营机制。完善以绿色生态为导向的农业补贴制度，充分发挥市场配置资源的决定性作用，引导和鼓励社会资本投入，培育发展畜禽养殖废弃物资源化利用产业。

在具体执行中要求由生态环境部、农业农村部牵头严格落实畜禽规模养殖环评制度，规范环评内容和要求。对畜禽规模养殖相关规划依法依规开展环境影响评价，调整优化畜牧业生产布局，协调畜禽规模养殖和环境保护的关系。新建或改扩建畜禽规模养殖场，应突出养分综合利用，配套与养殖规模和处理工艺相适应的粪污消纳用地，配备必要的粪污

收集、贮存、处理、利用设施，依法进行环境影响评价。加强畜禽规模养殖场建设项目环评分类管理和相关技术标准研究，合理确定编制环境影响报告书和登记表的畜禽规模养殖场规模标准。对未依法进行环境影响评价的畜禽规模养殖场，生态环境部门予以处罚。由农业农村部、生态环境部牵头，国家质检总局参与完善畜禽养殖污染监管制度。建立畜禽规模养殖场直联直报信息系统，构建统一管理、分级使用、共享直联的管理平台。健全畜禽粪污还田利用和检测标准体系，完善畜禽规模养殖场污染物减排核算制度，制定畜禽养殖粪污土地承载能力测算方法，畜禽养殖规模超过土地承载能力的县要合理调减养殖总量。完善肥料登记管理制度，强化商品有机肥原料和质量的监管与认证。实施畜禽规模养殖场分类管理，对设有固定排污口的畜禽规模养殖场，依法核发排污许可证，依法严格监管；改革完善畜禽粪污排放统计核算方法，对畜禽粪污全部还田利用的畜禽规模养殖场，将无害化还田利用量作为统计污染物削减量的重要依据。

《全国畜禽粪污资源化利用整县推进项目工作方案（2018—2020年）》中提出了中央投资补助的重点支持内容。包括畜禽粪污收集、贮存、处理、利用等环节的基础设施建设。项目县根据现有基础条件，按照"填平补齐"的原则确定项目建设的内容。在具体执行方案中规定实施规模化养殖场。一是建设粪污处理利用设施。主要针对粪污全量收集还田利用、固体粪便堆肥利用、异位发酵床、粪便垫料回用、污水肥料化利用、污水达标排放等处理模式，支持养殖场建设储粪场、污水贮存池等粪便贮存设施，建设厌氧发酵池、氧化塘、污水深度处理、堆肥发酵等设施。二是粪污处理配套设施改造升级。主要支持与粪污处理利用相关的场区养殖设施设备，以及提升养殖标准化水平的配套设施设备建设，重点改进节水设备，建设雨污分流、暗沟布设的污水收集系统和漏缝地板、自动刮粪板等清粪设施，配备固液分离机等设备。设定区域性粪污集中处理中心。支持周边中小规模养殖场建设粪污收集储存设施和小型厌氧处理设施，支持建设粪污集中收集、贮存、有机肥生产加工等基础设施和购置相关设备，支持建设粪肥田间贮存池、铺设沼液（肥水）输送管网、购置粪肥专用输送车辆，建设大型沼气工程。

结合《全国农村沼气发展"十三五"规划》，推广集中进行粪污处理、资源化利用的全量化能源利用模式，以及规模养殖场粪污处理和沼气利用并重的厌氧发酵模式为重点，支持专业化企业和规模养殖场建设厌氧消化装置总体容积500米^{3}以上大型沼气工程，兼顾清洁能源和有机肥料生产，实现"三沼"充分利用。具体包括原料收集、仓储和预处理系统、厌氧消化系统、沼气利用系统、沼肥利用系统、智能监控系统。对于给农户集中供气的项目，可适当考虑由同一业主建设的多个集中供气工程组成。

《畜禽粪污资源化利用行动方案（2017—2020年）》中提出了重点任务，一是建立健全资源化利用制度。农业农村部门配合生态环境部门加强畜禽规模养殖场环境准入管理，强化地方政府属地管理责任和规模养殖场主体责任，建立完善绩效评价和考核体系。农业农村部会同生态环境部，建立定期督查机制，联合开展督导检查，对责任落实不到位、推进工作不力的地方政府予以通报。各省组织对畜牧大县进行考核，定期通报工作进展，组织对大规模养殖场开展验收，确保大规模养殖场2019年年底前完成资源化利用任务。对粪污资源化利用不符合要求的规模养殖场，已获得国家畜禽养殖标准化示范、核心育种场、良种扩繁推广基地等称号的，取消其相关资格。二是优化畜牧业区域布局。坚持以地定畜、以种定养，根据土地承载能力确定畜禽养殖规模，宜减则减、宜增则增，促使种养业在布局上相协调，在规模上相匹配。指导超过土地承载能力的区域和规模养殖场，逐步调减养殖总量。落实《全国生猪生产发展规划（2016—2020 年）》和《农业部关于促进南方水网地区生猪养殖布局调整优化的指导意见》，优化调整生猪养殖布局，调减南方水网地区生猪养殖量，引导生猪生产向粮食主产区和环境容量大的地区转移。落实《全国草食畜牧业发展规划（2016—2020 年)》，在牧区、农牧交错带、南方草山草坡等饲草资源丰富的地区，扩大优质饲草料种植面积，大力发展草食畜牧业。各地农牧部门要在地方人民政府的统一领导下，按照《畜禽养殖禁养区划定技术指南》要求，配合生态环境部门依法划定或调整禁养区，防止因禁养区划定不当对畜牧业生产造成严重冲击。三是加快畜牧业转型升级。继续开展畜禽养殖标准化示范创建活动，大力发展畜禽标准化规模养殖，支持规模养殖场发展生态养殖，改造圈舍设施，提升集约化、自动化、现代化养殖水平，推动畜牧业生产方式转变。推行规模养殖场精细化管理，实施科学规范的饲养管理规程，推广智能化精准饲喂，提高饲料转化效率，严格规范兽药、饲料添加剂的生产和使用，加强养殖环境自动化控制。

随着政策支持和环保执法力度的加大，养殖场建设粪污处理和资源化利用设施的主动性不断增强。一是产业形态初步形成。各省区因地制宜、因场施策，依托第三方处理机构和社会化服务组织，延伸畜禽粪污资源化利用产业链条，探索形成了一批市场化运行模式。二是区域布局更加优化。地方政府认真落实国务院《水污染防治行动计划》，积极推进禁养区划定，调整优化畜禽规模养殖布局，减轻了环境敏感区域的治污压力。三是典型模式基本成熟。各省区以肥料化、能源化为主攻方向，积极促进农牧循环、种养结合发展，总结了一批整县推进的典型模式，探索出了经济适用的技术模式。但也存在各省区工作不平衡、配套支持政策缺乏、种养结合机制不健全、市场培育不充分等问题。

第三节　江西省畜禽养殖废弃物资源化利用及产业发展政策

一、江西省畜禽养殖废弃物资源化利用政策

2017 年，江西省人民政府办公厅出台了《关于加快推进畜禽养殖废弃物处理和资源化利用的实施意见》，成为江西省促进畜禽养殖废弃物处理和资源化利用的重要指导性文件，明确了今后一段时间内畜禽养殖废弃物处理和资源化利用的重点任务。

第一，调优畜禽养殖布局。全面摸清畜禽养殖污染防治现状，掌握畜禽粪污处理与利用情况，做好登记备案工作。严格按照生态环境部、农业农村部《畜禽养殖禁养区划定技术指南》，科学合理划定禁养区，完善畜禽养殖"三区"规划，全面完成地理标注工作。抓好"三区"规划落实，依法依规做好禁养区畜禽养殖场关闭或搬迁工作。按照布局合理化、生产规模化、养殖绿色化的要求，加强规划引导，调整优化生猪养殖布局，引导生猪养殖从禁养区向可养区转移、从养殖密集区向环境容量大的区域转移，保障畜产品总量基本稳定。

第二，推进畜禽标准化规模养殖。以加强畜禽粪污处理与利用设施建设为重点，深入

开展畜禽养殖标准化示范创建活动，加大畜禽养殖场标准化改造力度。支持发展现代化养殖企业，大力推广"三改两分再利用"技术（改水冲清粪为干式清粪、改无限用水为控制用水、改明沟排污为暗沟排污，固液分离、雨污分流，粪污无害化处理后综合利用），因地制宜推广种养结合、生物发酵床、微生物滤床、生物膜曝氧等治理模式。新建畜禽规模养殖场，严格执行环境影响评价制度，同步建设必要的粪污贮存、处理与利用设施。

第三，健全病死畜禽无害化处理体系。继续严格落实《江西省人民政府办公厅关于建立病死畜禽无害化处理机制的实施意见》（赣府厅发〔2015〕11号）要求，加快病死畜禽无害化处理体系建设，构建科学完备、运转高效的病死畜禽无害化处理机制。推进病死畜禽无害化集中处理体系项目建设，采取单点布局或多点布局方式，加快集中处理场和收集暂存点建设。大力推广应用高温化制、生物降解、焚烧碳化等先进技术，引进和推广高效、环保、节能的畜禽无害化处理设备和技术工艺。落实生猪保险政策，将病死畜禽无害化处理作为保险理赔的前提条件，健全完善生猪政策性保险与无害化处理工作联动机制。

第四，探索畜禽养殖废弃物资源化利用市场机制。以能源化和肥料化为方向，打通还田通道、分担还田成本，实现就地就近循环利用，构建种养循环发展机制。以生猪养殖密集区域为重点，推广第三方治理模式，探索规模化、专业化、社会化运营机制。发展规模化大型沼气工程，鼓励沼气发电上网和生物天然气生产使用。在果菜茶优势区，实施有机肥替代化肥行动，打造一批绿色有机农产品生产基地。支持有机肥生产与使用，开展农民使用有机肥补贴试点。推广区域性循环农业模式，探索实现畜禽养殖废弃物生态消纳有效途径，加快绿色生态循环农业发展。加大废弃物资源化利用PPP模式支持力度，调动社会资本参与废弃物资源化的积极性。

第五，建立健全畜禽养殖废弃物处理和资源化制度。全面落实属地管理责任制度、养殖场主体责任制度和部门监管责任制度，建立健全畜禽养殖废弃物处理和资源化利用绩效评价考核制度，对市、县两级政府进行年度考核，建立激励和责任追究机制。严格落实畜禽规模养殖环评制度，对畜禽规模养殖相关规划依法依规开展环境影响评价。建立畜禽规模养殖场直联直报信息系统，完善畜禽养殖污染监管制度。改革完善畜禽粪污排放统计核算方法，完善肥料登记管理制度。

第六，加强畜禽养殖废弃物综合利用科技支撑。全方位整合科技资源，建立健全产学研推用技术支撑体系。完善畜禽养殖废弃物处理与利用标准体系，制定畜禽粪便、沼渣沼液还田利用技术规范和检测标准，制定有机肥生产标准。加强废弃物处理与利用新技术、新工艺研发，加大试点示范和培训指导力度。开展畜牧业绿色发展示范县创建，探索形成适合不同畜种和区域特点的主推模式。加强有机肥生产、水肥一体化等关键技术集成。

江西省人民政府出台的《江西省乡村振兴战略规划（2018—2022年）》中明确推动整县（市、区）开展畜牧业绿色发展示范县创建，加快畜禽养殖粪污资源化利用整县推进试点示范，继续推进南方"N2N"区域生态循环农业模式及区域生态循环农业示范等项目，推动落实沼气发电上网政策，打通沼气沼渣、有机肥还田利用通道，促进生态循环农业发展。

为落实上述政策，江西省农业农村厅办公室、江西省发展和改革委员会办公室、江西省财政厅办公室在2020年共同发布了《关于加快实施畜禽粪污资源化利用整县推进项目的通知》，对加快推进畜禽粪污资源化利用整县推进项目的目标任务进行了督促指导。

一是要求各县建立完善项目通报制度，强化督查督办、考核问效，推进问题整改落实。针对突出问题，抓紧研究解决方案，让中央资金尽快进入经济循环，切实转化为畜禽粪污资源化能力。各地各部门要积极改进项目管理方式，简化实施方案变更申请程序，优化项目招投标管理，不要求整县推进项目作为整体进行统一招标，对必须招标的单体项目，鼓励通过采用集中招标等方式，降低招标频次和成本，提高工作效率。要增强服务意识，加大技术服务，指导单体项目建设单位制定"一场一策"建设方案，协调解决实施过程中遇到的困难问题，确保项目有序实施、按时完工。

二是要求各县做好项目竣工验收。县级农业农村部门要加强对项目实施的指导，推行台账管理，加强粪肥还田利用全链条的检查，牵头组织对单体项目进行竣工初步验收。总体项目完成后，向市级提出项目验收申请，市级牵头组织验收后出具验收意见，并报省农业农村厅、省发展改革委或省财政厅备案。项目实施进展、竣工验收等情况按月在农业农村部直联直报系统、农业项目管理平台、国家重大建设项目库填报。

三是要求各县确保中央资金使用安全。畜禽粪污资源化利用项目资金总量大，实施时间较长，各地要严格资金使用监管，确保资金安全。要建立健全资金监管制度，实行专账核算管理，项目验收、资金实际拨付等情况按要求进行公开公示，接受社会监督。加强项目资金风险管控，严肃查处虚报冒领、套取骗取项目资金等违法违规行为。提高资金使用效率，优化项目资金拨付方式，最大限度缩短拨付时间，避免因管理原因导致资金结余。

四是组织开展项目绩效评价。对整县推进项目，全面组织开展畜禽粪污资源化利用绩效评价。将项目实施情况作为畜禽粪污资源化利用延伸绩效考核的重要内容，并与畜牧业资金安排、乡村振兴考核等挂钩，建立项目实施奖惩机制，对于项目组织实施不力的项目县、所在市，将坚决调减或暂停畜牧兽医相关资金项目安排，让资金在有能力有条件的地方发挥更大效益。

江西是农业大省，随着绿色发展理念的不断深入、市场机制的不断完善，畜禽养殖废弃物处理与利用成为畜牧业高质量发展的重要着力点，在相应的政策制定和实施中越来越需要系统考虑，通过区域内资源共享和要素组合，实现变废为宝、变害为利。

二、江西省畜禽养殖废弃物资源化利用产业发展政策

早在 2007 年，江西省人民政府就已经出台了相关政策，贯彻落实《国务院关于促进畜牧业持续健康发展的意见》，明确建立比较完善的良种繁育推广体系和动物疫病防控体系，畜牧业综合生产能力显著增强。区域化、规模化、标准化、产业化程度明显提高，畜牧业生产初步实现向技术集约型、资源高效利用型、环境友好型转变等目标任务，集中力量促进畜牧业持续健康发展。

一是加快建立畜牧业优势产业带。发挥区域资源优势，调整畜产品区域布局，加快优势畜产品基地建设。以赣中和浙赣、京九沿线为重点，建设上高县、抚州市东乡区等20个优质商品猪生产加工基地。以地方肉鸡原产地和泛都阳湖水禽养殖区为重点，建设崇仁县、宁都县、南昌县等10个优质肉禽、禽蛋生产加工基地。以宜春、吉安为重点，建设高安市、吉安县、泰和县等10个优质肉牛生产加工基地；以乳制品加工企业为依托，建设南昌市新建区、于都县等优质奶源生产基地。

二是提高畜禽健康养殖水平。发展规范化养殖场和生态畜禽养殖小区，加强畜禽养殖环境保护，推行畜禽清洁生产，改变人畜混居、畜禽混养的落后状况，改善农村居民生产生活环境。制定和完善畜禽生产标准化技术规程，加快畜牧业标准推广应用，推进标准化畜禽养殖场和养殖小区建设。每年建设一批畜牧业标准化生产示范县、示范场、示范户。大力推广"猪-沼-果"等生态养殖模式，建立与种植业紧密结合的畜牧业生态经济体系。

三是积极推进产业化经营。鼓励和支持畜禽加工企业做强做大规模，延伸加工产业链，提高产品附加值，增强带动农民增收的能力。重点扶持加工型畜牧业龙头企业。建立健全加工企业与畜牧专业合作组织、养殖户之间的利益联结机制，发展订单畜牧业。要创造条件，扶持和发展畜牧专业合作组织与行业协会，维护其合法权益；专业合作组织和行业协会要加强行业管理及行业自律，规范生产经营行为，维护农民利益。大力发展饲料工业，重点建设一批有发展潜力的大型饲料加工企业，培育一批有市场竞争力的企业集团。强化饲料监测，建立健全饲料质量安全监测体系，确保饲料产品质量安全。搞好农作物秸秆开发利用，大力推广秸秆青贮、氨化等技术。支持开发蛋白质饲料和饲料添加剂研发生产。推行粮食作物、经济作物、饲料作物三元种植结构。

江西省发展改革委于 2017 年印发的《循环发展引领行动》对畜禽养殖业的产业发展提出了具体要求：第一，要持续推动行业间循环链接。组织实施产业绿色融合专项，在冶金、化工、石化、建材等流程制造业间开展横向链接。推动不同行业的企业以物质流、能量流为媒介进行链接共生，实现原料互供、资源共享，建立跨行业的循环经济产业链。总结推广跨行业循环经济发展模式，发布重点行业循环发展指南。第二，努力推动农村一二三产业融合发展。大力推动农业循环经济发展，以农牧渔结合、农林结合为导向，优化农业种植、养殖结构，积极发展林下经济，推进稻渔综合种养等养殖业与种植业有效对接模式；推进农产品、林产品加工废弃物综合利用，延伸产业链，提高附加值；拓展农业林业多功能性，推进农业与旅游、教育、文化、健康养老等产业深度融合，发挥促进扶贫攻坚的积极作用。建立完善全产业链资源循环利用体系，选择国家现代农业示范区、农业可持续发展试验示范区等具备条件的地区开展工农复合型循环经济示范区和种养加结合循环农业示范工程建设。

为做好畜禽养殖标准化示范创建工作，加快推进畜牧业高质量发展，根据《畜禽养殖标准化示范创建活动工作方案（2018—2025 年）》要求，江西省在 2021 年继续开展畜禽养殖标准化示范创建工作。其中设定了具体的实施目标为自 2021 年开始全省开展生猪、家禽（含水禽）、肉牛、肉羊、奶牛和特色畜禽示范场创建活动。示范场应符合"生产高效、环境友好、产品安全、管理先进"的要求；模式上重点聚焦与中小养殖户建立紧密利益联结机制、巩固拓展脱贫攻坚成效显著的一体化经营；生产上聚焦设施装备现代化、饲养管理精细化。创建部级、省级畜禽养殖标准化示范场 20 个，其中部级示范场 6 个、省级示范场 14 个。

对畜禽养殖废弃物资源化利用及产业发展过程中的环境标准也有了明确的限定。一是促进畜禽养殖生产效率的提升。要求集约化、设施化、智能化、自动化水平高，使用节水、节料、节能养殖工艺，采用自动化环境控制设备。选用优质高产畜禽良种，配备智能监控系统，对重点生产区和畜禽粪污处理等区域进行实时监控。劳动生产率、资源转化率、畜禽生产率达到行业领先水平。二是要求实现畜禽养殖的环境友好性。选址科学、布局合理，环境整洁，与周边自然环境和美丽乡村建设相协调。畜禽废弃物处理和资源化利用水平高，设施先进、运转正常，能够按照减量化、无害化、资源化的原则，实现种养结合农牧循环发展。病死畜禽无害化处理科学规范。三是保障畜禽养殖产品安全。养殖场生物安全设施装备水平高，采取科学的畜禽疫病综合防控措施，防疫制度健全，防疫设施先进，重大动物疫病、主要人畜共患病两年内无临床病例和病原学阳性。严格遵守饲料、饲料添加剂和兽药等投入品使用有关规定，严格执行兽用处方药制度和休药期制度，坚决杜绝使用违禁药物，产品质量安全，可追溯。鼓励减量使用兽用抗菌药。四是提高畜禽养殖的管理水平。采用现代化管理手段，信息采集及管理系统健全，有完善准确的生产记录档案。配备专业化技术人员，人员培训和管理规范，考核制度健全，实现精细化管理。

2021年江西省农业农村厅、江西省人民政府办公厅联合发布《关于推进家禽产业高质量发展的实施意见》，对江西省畜禽养殖产业高质量发展目标做了较为详细的阐释，按照"规模养殖、产业融合、品牌打造、绿色发展"的思路，加强地方家禽遗传资源保护和开发利用，加大新品种培育，推行标准化规模养殖，发展家禽屠宰加工，壮大一批产加销一体化大型龙头企业，培育家禽产品知名品牌，加快产业转型升级，促进家禽产业高质量发展。到2025年，家禽综合生产能力稳步提升，全省禽肉产量达到95.5万吨，禽蛋产量达到75万吨，家禽出栏量达到6.3亿羽；规模化养殖水平进一步提高，家禽规模养殖比重达到75%以上；屠宰加工水平显著提升，屠宰加工能力达到3亿羽；家禽育种取得明显成效，力争培育2~3个家禽新品种、新品系；家禽产品质量安全水平提升，禽肉、禽蛋抽检合格率均保持在98%以上。

在产业发展方面提出：第一，坚持保护与开发并重，坚持本品种选育与新品种培育同步推进，建立健全良种繁育体系，提升种业创新能力，夯实家禽产业发展基础。第二，依托资源优势和产业基础，突出江西省优质地方肉鸡与水禽两大优势，按照全产业链进行布局建设，着力打造家禽优势产业集群，提升家禽产业竞争能力。第三，大力发展家禽规模养殖，实施养殖场标准化改造，建立完善粪污收集、处理、利用设施，促进粪肥还田利用、农牧结合。第四，加强家禽产品品牌宣传，遴选一批具有成长潜力的家禽品牌进行重点推介，打造一批有较强影响力的知名品牌。第五，加大家禽产业发展支持力度，各级财政部门要统筹整合现有农业资金，采取以奖代补、先建后补、贷款贴息等方式，支持家禽标准化规模养殖，夯实产业发展基础。家禽养殖生产及其关联的粪污处理、清洗消毒、检验检疫、病死畜禽无害化处理等农业设施用地，可使用一般耕地，不需占补平衡。

综上所述，大力推进畜禽养殖废弃物资源化利用及产业发展，对于加快江西省农业供给侧结构性改革、治理农业面源污染、确保畜禽产品质量安全、优化农村居民生产生活具有重要意义。相关政策的制定与实施，为探索和创新畜禽养殖废弃物资源化利用模式，推进畜禽养殖业的可持续发展奠定了扎实的政策保障。

本 章 参 考 文 献

陈秋红，张宽，2020. 新中国70年畜禽养殖废弃物资源化利用演进［J］. 中国人口·资源与环境，30

（6）：166-176.

黄文明，2019. 畜禽养殖场污染治理存在问题与对策 ［J］. 畜牧兽医科学（电子版）（8）：45-46.

蒋松竹，蔡琼，李美娣，等，2013. 畜禽养殖污染防治的法律体系现状及思考 ［J］. 环境污染与防治，35（10）：93-98.

金书秦，韩冬梅，2015. 我国农村环境保护四十年：问题演进、政策应对及机构变迁 ［J］. 南京工业大学学报（社会科学版），14（2）：71-79.

金书秦，韩冬梅，吴娜伟，2018. 中国畜禽养殖污染防治政策评估 ［J］. 农业经济问题（3）：119-126.

李驰，罗丽霞，刘进芳，等，2019. 畜禽养殖业污染现状及资源化利用探讨 ［J］. 当代畜禽养殖业（11）：56-57.

刘冬梅，管宏杰，2008. 美、日农业面源污染防治立法对中国的启示与借鉴 ［J］. 世界农业（4）：35-37.

刘炜，2008. 加拿大畜牧业清洁养殖特点及启示 ［J］. 中国牧业通讯，265（10）：18-19.

孟祥海，2014. 中国畜牧业环境污染防治问题研究 ［D］. 武汉：华中农业大学.

孟祥海，张俊飚，李鹏，等，2014. 畜牧业环境污染形势与环境治理政策综述 ［J］. 生态与农村环境学报，30（1）：1-8.

潘丹，2016. 基于农户偏好的牲畜粪便污染治理政策选择——以生猪养殖为例 ［J］. 中国农村观察（2）：68-83.

单正军，2000. 加拿大畜牧业环境保护管理考察报告 ［J］. 农村生态环境（4）：61-62.

沈晓昆，戴网成，2011. 畜禽粪便污染警示录 ［J］. 农业装备技术，37（5）：62-64.

陶涛，1998. 国内外畜禽养殖业粪便管理及立法比较 ［J］. 华中科技大学学报（城市科学版），15（2）：37-40.

王尔大，1998. 美国畜牧业环境污染控制政策概述 ［J］. 世界环境（3）：17-18，11.

吴树彪，翟旭，董仁杰，2008. 中国户用沼气发展现状及对策分析 ［C］. 2008农业生物环境与能源工程国基论坛论文集. 北京：中国农业工程学会，158-163.

许彪，施亮，刘洋，2015. 我国生猪养殖行业规模化演变模式研究 ［J］. 农业经济问题，36（2）：21-36，110.

杨泽霖，方炎，2002. 国外畜禽业的环境管理 ［J］. 农村新技术（11）：10.

尹红，2005. 美国与欧洲的农业环保计划 ［J］. 中国环保产业（3）：42-45.

张彩英，1992. 日本畜产环境污染的现状及其对策 ［J］. 农业环境与发展（2）：6-9.

朱宁，马骥，秦富，2011. 主要蛋鸡养殖国家蛋鸡粪处理概况及其对我国的启示 ［J］. 中国家禽，33（6）：1-5.

第三章 畜禽养殖废弃物资源化综合利用技术

规模化养殖水平呈现出显著提高的态势，大量养殖废弃物没有得到有效处理和利用，已成为农村环境治理的重点难题之一。为落实中央关于加快推进畜禽养殖废弃物资源化利用的决策部署，需要加强畜牧业绿色循环低碳发展的技术探索并提供最新的且富有成效的技术支持。本章基于畜禽养殖废弃物"减量化、无害化、资源化处理'三化'原则"，对相关技术进行系统介绍，并以江西省畜禽养殖废弃物防治措施与综合利用技术的应用作为实际案例展开分析。

第一节 畜禽养殖废弃物处理技术的实施原则及目的

2009年，江西省启动了"爱我美好家园千场万户畜禽清洁生产行动"。该行动坚持发展与保护并重的原则，结合全省畜牧业生产实际，以五河一湖和畜禽养殖主产县为重点区域，以污染最为严重的生猪产业为突破口，以粪污无害化处理与废弃物资源化利用为关键，在全面完成规模养殖场摸底调查工作，了解和掌握全省规模养殖产业结构、养殖动态及生猪产业化发展趋势的同时，对生猪养殖污染无害化处理与资源化利用方面进行了积极探索。

畜禽养殖废弃物的综合处理利用需要遵循"三化"原则。一是"减量化"原则，指采用有效的技术设备、方法及措施减少单位畜禽产品的废弃物产生量。从畜禽生产生命周期视角来看，减量化技术包括饲料作物生产减排、饲料加工减排、饲料营养配方减量、良种畜禽高效利用减量、饲养管理减量、畜禽养殖舍环境控制减量以及废弃物处理减量等技术的具体应用，其主要目的在于通过技术设备和技术手段提高畜禽养殖的生产效率。二是"无害化"原则，指在"减量化"的基础上对已经产生的畜禽养殖废弃物进行无害化处理，杀灭废弃物中的有害微生物、寄生虫卵及植物种子等，降解其大分子有机物，使其能够达到土地处理和农业资源化利用的要求。一般来说，畜禽养殖废弃物中含有大量的病原体，通过适当的技术手段对其进行无害化处理显得尤为重要和必要，不仅是为了达到生态环境保护的基本要求，更是为了确保畜禽养殖自身生物安全的需要。三是"资源化"原则，指把废弃物进行无害化处理过程中所产生的物质及无害化处理后的产品作为资源进行多次的充分循环利用，实现既节约资源投入又降低畜禽养殖废弃物对生态环境造成的二次污染的目的（彭国良，2020）。

第二节　畜禽养殖废弃物减量化处理技术

畜禽养殖废弃物减量化处理技术常用的具体措施主要包括以下三种：一是通过改善畜禽养殖舍内环境，提高畜禽产品的生产水平，减少畜禽的死亡淘汰率和降低畜禽养殖过程中的用水量，进而达到降低单位产量的畜禽养殖废弃物产生量的目的。二是采用符合环保条件的畜禽饲料，提高畜禽对饲料中营养物质的吸收利用率，降低粪便中污染物的排泄总量。三是采取减少污水的饲养管理措施，诸如实施雨污分流、改善饮水系统、采用垫料养殖等具体措施，达到降低污水排放总量的效果。

一、畜禽养殖舍内环境控制技术

在畜禽养殖过程中，为畜禽提供适宜的舍内环境可以提高畜禽养殖的生产水平，改善饲料转化率和降低畜禽死亡率，从而达到减少畜禽产品单位产量的废弃物产生量的目的。我国现有畜禽养殖场面临的主要问题是畜禽养殖在炎热季节气候条件下畜禽产生的热应激问题，以及在寒冷季节气候条件下畜禽养殖舍内有害气体和微生物浓度过高的问题。一般来说，采用传统的机械通风设施和相应技术可以解决上述问题。

在炎热季节时段，猪舍和鸡舍一般可以采用负压水帘降温的技术方法来保持养殖舍内处于舒适温度，在具体操作中，经常采用厚度为 15 厘米的水帘，并且将水帘的风速控制在 2 米/秒以下即可以保持室内温度达到适宜的条件。另外，根据饲养畜禽的种类和品种的不同，对水帘的风速可做适当调节。如：公猪、母猪、生长育肥猪舍适宜的控制风速为 1～2 米/秒，哺乳仔猪、保育猪舍的风速尽量不超过 0.2 米/秒；由于畜禽分娩舍需要同时饲养泌乳母猪和哺乳仔猪，两者对环境温度和风速的要求有所不同，因此可以采用正压水帘通风措施，将出风口调整至直对母猪，风速控制在 2 米/秒左右，实现降温效果。鸡舍养殖的水帘控制风速可以设定为 1.5～3 米/秒。牛舍一般不采用水帘，而是使用喷淋加风扇的降温方法。

在寒冷季节时段，养殖舍一般是采用机械通风换气的方法来降低舍内有害气体和微生物浓度，实现减少畜禽呼吸道疾病感染的目的。寒冷季节使用机械通风设备时，一般需要注意以下事项：第一，养殖舍内的控制温度需达到满足畜禽生活舒适的要求，且通风换气量和风速不宜过大。第二，通过调节设备，确保养殖舍外冷风不会直接吹到畜禽躯体。因此，在设置进风口时，适宜安装在天花板，且尽量保持进风口的风速在 4～5 米/秒，采用平吹方式使得新鲜空气经上层热空气预热后才与畜禽躯体接触。第三，尽量避免间歇式通风，因为间歇式通风通常会造成养殖舍内温度的急剧变化，从而引发畜禽因冷应激反应导致的疾病。

二、畜禽养殖环保饲料配制技术

畜牧业养殖生产过程是优质高效地将营养价值较低的粮食作物及其副产物作为畜禽饲料转化为营养价值较高的动物性产品，以供人类食用的过程。因此，为畜禽提供优质的环保型饲料，不但可以提高畜禽养殖的产品质量，也可以保障人类在食用动物肉制品时的安全（赵鸾，2016）。

（一）饲料中添加植物型饲料添加剂

在畜禽养殖的日常饲料中添加一种或多种植物提取物可以降低畜禽排泄物中氨气、硫化氢等有味气体的释放量。一般常用的植物提取物有樟科植物提取物、丝兰属植物提取物、菊芋提取物、茶叶提取物、天然植物精油、大蒜素、中草药提取物、腐殖酸等（彭国良，2020）。其中，丝兰属植物提取物中含有多糖结合氨分子生成的氮化物，可以促进畜禽肠道充分吸收和利用微生物营养成分，提高蛋白质的利用率，与此同时，也可以降低氨气浓度，从而维持畜禽肠道内酸碱平衡，提高消化酶活性，增强畜禽肠道的消化吸收能力。此外，被多糖吸附的氨气即使随粪便排出体外后也不会挥发出来，可以降低畜禽养殖舍内环境中有害气体的浓度水平。

（二）饲料中添加酶制剂

在畜禽养殖的日常饲料中添加酶制剂，可以提高猪和禽类对饲料中养分的利用率，从而减少其粪便中污染物的排泄量。但是，经验数据表明，这种方式在牛羊养殖过程中的效果并不显著。通常来说，饲用酶制剂主要包括酶制剂、蛋白酶和碳水化合物酶三种类型。大量实践经验的数据显示，在猪和禽类饲料中添加酶制剂可以将营养物中氮的利用率提高17%～25%，磷的利用率提高20%～30%，使得畜禽粪便中氮和磷的排泄量大幅度降低。实现既节约饲料又保护环境的双重目标。此外，在饲料中使用小麦、大麦、米糠等非常规原料时，如果配合添加木聚糖酶等碳水化合物酶可以提高猪和禽的饲料利用率。

（三）饲料中添加微生物制剂

在畜禽养殖的日常饲料中添加微生物制剂，抑制畜禽肠道内腐败细菌的持续生长，改善畜禽肠道内有机物的分解效果，提高畜禽对饲料中蛋白质的吸收利用率。达到预防腹泻，减少氨和硫化氢的释放量及胺类物质的产生从而降低环境中有害气体浓度的效果，也可以改善养殖环境和减少抗生素的使用。数据表明，在畜禽饲料中添加微生物制剂可降低40%左右的猪舍氨气浓度，降低20%左右的硫化氢浓度。另外，微生物制剂与吸附剂（如米糠、木屑等）混合可制成微生物吸附剂或生物滤床，将其放置于养殖舍内或舍外的排风口，用以吸附和分解臭味物质，能够显著降低养殖舍内和舍外散发的废气臭味。

（四）饲料中添加纤维素或寡糖、酸化剂

在畜禽养殖的日常饲料中添加纤维素或寡糖、酸化剂（乳酸、柠檬酸）等添加剂，可以明显减少过多的氨和其他腐败物的生成，降低畜禽肠内容物及其粪便中的氨含量，减少畜禽肠道内容物中的甲酚、粪臭素等物质含量，从而减少粪便的臭气。实验表明，在畜禽饲料中添加5%左右的纤维素，可以使得猪粪中氨气减少68%，能够在贮存的猪粪便中分别降低35%的总氮素和73%的氨态氮。而在畜禽养殖饲料中添加2%的寡糖可以分别降低55%的总氮素和62%的氨态氮。

（五）饲料中添加有机微量元素

在养殖猪和禽类的日常饲料中添加有机微量元素可以降低畜禽粪便中微量元素的排泄量，从而减少对生态环境的污染。经验表明，仔猪和小猪的养殖阶段，在日常饲料中添加150毫克/千克左右的铜，可以实现预防腹泻、促生长和使猪粪变黑，效果远高于营养标

准的 6 毫克/千克。上市一头标准肉猪时，铜的排出量一般为 18 克，如果在饲料中添加了有机铜则可以大幅度降低铜的排泄量。目前，一般养殖过程中，猪和禽类饲料中铜、锌添加量较高，由此导致其粪便中铜、锌含量比较高，将限制畜禽粪便的还田利用效果。根据《畜禽粪便还田利用技术规范》（GB/T 25246—2010）整理出以畜禽粪便为主要原料的肥料中畜禽干粪便铜和锌的限值（表 3-1），由于我国南方地区的土壤普遍呈现偏酸性特征，在还田利用时要求畜禽粪便中铜和锌含量不能过高。因此，在畜禽养殖过程中就必须通过技术处理来大幅度降低猪和禽类饲料中铜和锌添加量，实现猪和禽类粪便达到符合还田利用要求的目标。

表 3-1　制作肥料的畜禽粪便中铜、锌含量限值（干粪含量）

项目		不同土壤 pH 下的含量限值/（毫克/千克）		
		<6.5	6.5～7.5	>7.5
铜	旱田作物	300	600	600
	水稻	150	300	300
	果树	400	800	800
	蔬菜	85	170	170
锌	旱田作物	2 000	2 700	3 400
	水稻	900	1 200	1 500
	果树	1 200	1 700	2 000
	蔬菜	500	700	900

数据来源：单英杰，2021。

三、畜禽养殖饲养管理技术

（一）实施雨污分流

由于自然降落的雨水不需要经过污水处理系统处理就可以直接向外排放，因此，可以采用技术手段将雨水与待处理的污水分开，雨水不需要流入排污管道而直接排放的情况下可以大幅度降低污水的处理量。江西省处于亚热带区，年均降水总量为 1 000～2 000 毫米，如果不实施雨污分流则每平方米畜禽养殖舍每年将多产生超过 1 吨的污水，极大地增加了污水处理量。同时，由于降雨是间歇式的，短时间大量雨水冲击污水处理系统，容易影响污水处理系统的正常运行，极端情况下甚至会导致污水处理系统彻底瘫痪。在实施雨污分流时，常用的措施是让雨水流入明沟，污水流入管道。

（二）改善饮水系统

改善畜禽养殖场的饮水系统可以达到节约用水的目标。一般来说，养猪场常见的饮水器有鸭嘴式自动饮水器、乳头式自动饮水器、杯式自动饮水器和水槽等。其中，鸭嘴式自动饮水器、乳头式自动饮水器和水槽相比于杯式饮水器来说会造成更多的饮用水浪费，在畜禽喂养过程中往往会造成饮用水混入粪污中从而增加污水量，尤其是在养殖规模较大的养殖场，这种浪费的饮用水总量会更大。因此，在养殖猪场应尽量使用杯式饮水器并同时控制每个饮水器的供水流速。养殖经验表明，种猪饮水的供水流速保持在 2 升/分钟，保育仔猪控制在 0.5~1 升/分钟，生长育肥猪控制在 1~2 升/分钟。另外，在雨污分流的情况下，可在自动饮水器下设置一个凹槽，如此可将滴漏的水接住并引至舍外雨水沟中，以减少饮用水进入污水从而减少污水量。

（三）采用垫料养殖

畜禽养殖场垫料养殖技术是指在畜禽养殖过程中加入木糠、谷壳等垫料与畜禽粪便混合在一起进行有氧发酵，不需要冲洗栏舍也不会产生污水的养殖技术。垫料养殖用于肉鸡饲养，一般的做法是在鸡舍内的地面上薄薄地铺上一层谷壳作为垫料，约 15 天更换一次，将清理出来的垫料进行堆沤发酵后作为有机肥还田利用。

垫料用于肉猪饲养，特别是在亚热带地区，由于天气炎热，垫料的发酵温度高，因此需要避免猪与发酵床进行直接接触。此类猪舍建筑一般会采用两层楼的方式，底层为垫料发酵床。垫料堆体的温度应保持在 50℃以上。在操作中为了减少翻堆频率，可以在发酵床下的地面设一条浅沟，在浅沟内铺装多孔通风管道，利用鼓风机从发酵床底层进行人为的强制通风。如果采用机械翻堆对垫料进行翻堆，为方便翻堆机等机械操作，猪舍底层的高度应设置在 2.8 米左右，地面为混凝土。第二层饲养肉猪，栏面应采用钢筋混凝土全漏缝地板，缝隙宽度约为 2.5 厘米，钢筋混凝土条横截面上宽 12 厘米、下宽 10 厘米、厚 10 厘米左右，方便猪粪掉入发酵床，工作通道为钢筋混凝土地面。由于垫料中的水分需要控制在 45%~65% 才能使发酵床正常发酵，因此，除猪的粪尿外不允许水大量进入发酵床。所以常用的做法是采用水帘负压通风方法给猪舍降温，猪舍的底层和第二层均需安装负压风机，第二层安装水帘，饮水器滴漏的水需引出猪舍外。垫料可使用 8~12 个月，也可以每饲养一批猪更换一次垫料，更换出的垫料还田利用或制成有机肥另行使用。采用发酵床养猪的过程中，禁止使用消毒药对猪舍消毒，只有在本批次猪全部出栏并将垫料清理干净后才可以使用消毒药进行彻底消毒。如果同一批垫料需连续养殖多批猪，则需要在不同猪群进出栏之间的空栏期用火焰消毒机对第二层进行火焰消毒。

四、畜禽养殖场粪便收集与处理技术

（一）养殖场畜禽粪便收集方法

畜禽养殖过程中产生的粪便会释放出硫化氢等有害气体对养殖场舍的环境造成污染，积存期内的粪便中部分矿物质和有机质会随着粪水渗入土地，随着地下水进入地表水体，造成地表水的污染，并且会引发土壤的营养过于集中，导致周边植物根部受到影响，从而不利于植物生长。因此必须定期对养殖场舍内畜禽粪便予以收集和清理。目前来说，对畜禽养殖场内粪便进行收集主要采用干清粪（人工清粪、自动机械清粪、垫料吸附）、水泡粪、水冲粪、固液分离等多种方法。其中，人工清粪方法，由于劳动强度大，清理过程耗时长等原因，已经逐步减少使用，特别是在规模较大的畜禽养殖场实施粪便清理时，已经广泛使用自动机械清粪方式。

（二）养殖场畜禽粪便处理技术

畜禽养殖场产生的粪渣一般通过机械刮粪和对污水进行固液分离的方式进行收集，采用好氧发酵方法将收集到的粪渣制成有机肥。使用好氧发酵方法处理粪渣，一方面能够使粪渣中的有机物得以降解，另一方面也可以杀灭粪渣中的病原微生物。收集处理后的畜禽粪渣可以用来堆肥。目前，常用的堆肥方法主要有条垛式堆肥和槽式堆肥两种。堆肥场所的环境条件必须确保防渗透和防雨水，因此，堆肥场所的地面一般会采用混凝土浇筑而成的地面，为了使堆肥发酵过程得以快速启动，堆肥场所建筑物的屋顶通常会使用透光材料盖建，以保证充足的阳光照射。

通常，畜禽粪渣中水分含量较高，超出了堆肥水分含量为 45％～65％ 的常规要求，因此不能够直接进行堆肥而是需要在其中添加木糠、谷壳、秸秆粉等辅助材料来调节水分含量使其达到堆肥要求的水分含量控制范围后才能进行堆肥发酵操作。另外，在畜禽粪渣中添加了辅助材料可以调节堆肥体中的碳氮比和碳磷比，堆肥体发酵微生物适宜的碳氮比为 (25～35)：1，适宜的碳磷比为 (75～150)：1；添加辅料还能够增加堆肥体的透气性，更加利于好氧发酵过程。

目前，畜禽养殖场广泛使用的是条垛式堆肥和槽式堆肥两种方式，二者的堆肥过程一般都需要分为两期进行。第一期是高温发酵期，堆肥时间大约为两周，堆肥体内温度需要满足达到 50℃ 以上并持续 7 天左右的条件，在高温发酵期内需密切注意堆肥体内的温度和湿度，一般间隔 2 天左右完成一次翻堆。如果堆肥体内温度超过 65℃ 则需要增加翻堆频率。对堆肥体进行翻堆的目的是增加氧气和排出多余的热量，使堆肥体维持在适宜的温度、湿度和氧气含量范围。如果想要减少堆肥的翻堆频率，可以在堆肥体下设置强制通风管道，将通风管道放置在地面通风槽内，通过强制通风来补充堆肥体发酵所消耗的氧气和加速堆肥体的散热。堆肥体内的适宜的氧气含量为 10％～18％。需注意采用强制通风时不能过度通风，一旦通风过量容易造成堆肥体内的水分含量和温度过低从而不利于堆肥体快速发酵。堆肥高温发酵期内，堆肥体内的温度 50℃ 以上的时间将长达数天，足以杀灭其中的病原微生物、寄生虫卵和植物种子。表 3-2 中列出了主要病原体致死温度与所需时间。第二期为肥料腐熟期，把经过前面第一期阶段后的发酵物料运到肥料腐熟区中进行二次发酵，发酵物中的有机物会进一步分解与熟化直至沤肥全过程完成，第二期耗时大约为30 天，在此期间不需要再次翻堆。

表 3-2　部分病原体致死温度和所需时间

病原体	致死温度/℃	所需时间
结核杆菌	60	1 小时
布鲁氏菌	65	2 小时
副伤寒沙门菌	60	1 小时
猪丹毒丝菌	50	15 小时
狂犬病病毒	50	1 小时
口蹄疫病毒	60	30 分钟
猪传染性胃肠炎病毒	56	45 分钟
猪瘟病毒	60	30 分钟
蛔虫卵和幼虫	50～60	1～3 分钟
鞭虫卵	50～60	1 小时

数据来源：刘凤华，2021。

从堆肥效果测定来看，通常一个年出栏 1 万头肉猪的猪场用粪渣制成的成品有机肥体量大约为 700 吨，其产量相对较少难以形成规模，销售相对困难。因此，具备条件的地方最好建立区域性的有机肥料厂，集中收集该区域范围内畜禽养殖场经过高温发酵后的发酵物料，再进行后熟处理制成成品进行销售，如此不仅有利于成品有机肥质量的控制，也有利于有机肥的销售。

五、畜禽养殖场污水处理技术

对于畜禽养殖污水处理来说，最好的处理方式是经过厌氧发酵无害化处理后，作为种植业的肥料还田利用，为农作物提供养分。但是这种处理方式要求在畜禽养殖场的周边配套足够面积的农作物种植土地予以消纳肥料。其次是将污水经处理达到排放标准后，进行排放或者加以综合利用。畜牧业污水与其他工业行业污水有较大差别，畜牧业排放的污水中有毒物质含量相对较少，但污水排放量却较大，并且畜牧业排放的污水中通常会含杂大量的畜禽粪渣，其中有机物、氮、磷等含量较高，而且还伴有大量的病原微生物，对生态环境危害程度高，而且处理难度也比较大，因此需要在污水处理过程中予以特别重视。

（一）养殖场舍内粪便清除技术

养殖舍内清粪技术是指畜禽养殖场采用的舍内粪便清除处理技术，它会直接影响畜牧业污水的产生量，同时也会影响畜禽粪便的再利用价值。目前畜牧业常用的清粪技术主要包括水冲清粪、水泡清粪和干清粪等。

1. 水冲清粪技术

水冲清粪技术是我国在 20 世纪 80 年代从美国引入，目前已被大多数规模化畜禽养殖场所采用，尤其是养猪场和养牛场。这种技术的特点是将粪尿的清除与畜舍的清洗相结合，所需设备相对简单，劳动效率也比较高。但是这种清粪方式的缺点在于，其不仅会使固态粪便中的水溶性成分受到损失从而降低肥效，而且还存在污水量大、污染严重等问题。经测算，采用这种清粪技术进行粪便处理，一条年出栏万头猪的生产线每天冲洗猪舍粪便大约需要消耗 200 米^3 的水，如此大量而集中的污水不仅增大了处理的难度，而且也浪费了宝贵的水资源。

2. 水泡清粪技术

水泡清粪技术是在水冲清粪技术的基础上进行了改良。其具体操作方法是在畜禽栏圈的漏缝地板下设置粪沟，预先在粪沟内放置深度为 20 厘米左右的水，粪尿从漏缝间掉入粪沟中得以存放。畜禽养殖过程中一般会要求禁止使用水冲洗栏圈，而只是在空栏后才进行彻底清洗。粪水在储存 1～2 个月后再从粪沟中排出。这种技术要比水冲清粪更节省用水，一条年出栏万头猪的生产线每天需要消耗 30～40 米^3 的水。由于粪便泡于水中会发生厌氧发酵，由此产生大量的有害气体，从而影响畜禽及饲养人员的健康。因此，需要进行机械通风并安装地沟风机。此外，水泡清粪技术粪水混合物的污染物浓度很高，后处理困难，因此，比较适合周边配套有足够种植业土地的养殖场使用。

3. 干清粪技术

干清粪技术分为人工清粪和机械清粪两种，畜禽粪便产生后通过人工或机械进行收集，畜禽尿液和清粪的冲洗水从污水沟流出，分别对固体粪便和污水进行处理。该技术简单实用，而且干清粪后的污水处理部分基础建设投资比水冲清粪和水泡清粪技术大大降低。人工清粪和机械清粪所产生的污水量很小，每天产生污水量仅为 60~90 米³，同时污水中各项污染指标的浓度也相对较低（表 3-3），而且还可以充分保留固态粪便中的养分，为畜禽粪便、污水的综合处理利用提供便利。

表 3-3 采用水冲清粪技术和干清粪技术的污水处理指标

指标	水冲清粪	干清粪
化学需氧量（COD）/（毫克/升）	13 000~14 000	9 814~10 200
生化需氧量（BOD）/（毫克/升）	8 000~9 600	3 407~5 130
悬浮物（SS）/（毫克/升）	134 640~140 000	67 320~97 300
总氮（TN）/（克/升）	40~30.7	25~20.8
铵态氮（NH_4^+-N）/（毫克/升）	2 120~4 768	1 200~2 100
总磷（P_2O_5）/（克/升）	115.8	57.9

数据来源：彭国良，2020。

（二）养殖场污水处理技术的实施流程

目前，畜牧业污水处理技术流程一般都是采取"三段式"处理，即固液分离、厌氧处理和好氧处理。

1. 固液分离处理技术

畜牧业污水中含有高浓度的有机物和悬浮物，尤其是采用水冲清粪处理方式的污水，悬浮物含量高达 160 000 毫克/升，即便是采用干清粪处理技术，悬浮物含量仍可以达到 70 000 毫克/升（彭国良，2020），因此无论采用何种技术措施来处理畜牧业污水，都需要先将畜禽粪便进行固液分离。经过固液分离处理后可以使得污水中污染物负荷降低，化学需氧量和悬浮物的去除率可以达到 50%~70%，所得的固体粪渣还可以用于制作有机肥。此外，经过固液分离处理后可以防止大的固体物进入后续处理环节，从而避免造成后续处理设备的堵塞和损坏等问题。在厌氧消化前进行固液分离还能够增加厌氧消化运转的可靠性，减少所需厌氧反应器的尺寸大小以及所需要的停留时间，由此可以减少 30% 的气体产生量。

固液分离技术一般包括筛滤、离心、过滤、浮除、絮凝等技术处理过程，这些技术都有各自相应使用的设备，可以达到浓缩和脱水的目的。畜牧业多采用筛滤、压榨、过滤和沉淀等固液分离技术进行污水的一级处理，常用的设备有固液分离机、固液分离格栅、沉淀池等。

固液分离机通常有振动筛、回转筛和挤压式分离机等多种形式，通过筛滤作用实现固液分离的目的。筛滤是一种根据畜禽粪便的粒度分布状况进行固液分离的方法，污水和小于筛孔尺寸的固体物可以从筛网中的缝隙间流出，但是大于筛孔尺寸的固体物则凭机械或者其自身重量而被截留下来，或者被推移到筛网的边缘排出。固体物的去除率主要取决于筛滤的筛孔大小，筛孔越大则去除率越低，优点是不容易被堵塞，清洗的次数也相对较少。反之，筛孔越小则去除率越高，但是容易被堵塞，需要多次清洗。

固液分离格栅是畜牧业污水处理的工艺流程中必不可少的一种设施，通常由一组平行钢条组成，通过过滤作用截留污水中较大的漂浮固体和悬浮固体，以免阻塞孔洞、闸门和管道，保护水泵等机械设备。在采用格栅进行固液分离操作时，通常还会加装筛网以提高固液分离效果。

沉淀池是畜禽污水处理中应用最广泛的设施之一，一般畜禽养殖场在固液分离机之前会串联多个沉淀池，通过重力沉降和过滤作用完成对粪水的固液分离过程。这种方式主要适用于中小型养殖场，其优点是建造所需成本较低，操作简单易行，设施维护简便。

2. 厌氧处理技术

畜牧业污水具有可生物降解性强的特征，在实施污水处理流程中可以采用厌氧处理技术对畜禽养殖产生的污水进行厌氧发酵，其优点是不仅可以将污水中的不溶性大分子有机物降解成为可溶性小分子有机物，为后续实施处理提供前提保障，而且在厌氧处理过程中，微生物所需营养成分减少，可以达到杀死寄生虫及杀死或抑制各种病原菌的目的。同时，通过厌氧发酵，还可以产生有用的沼气作为生物能源二次利用。但厌氧发酵处理也存在部分缺点，由于规模化畜禽养殖场排放的污水量大，导致建造厌氧发酵池和配套设备的投资较大。而且经过厌氧处理后污水中氨氮含量仍然很高，达不到直接排放的标准，还需要配合使用其他的处理工艺。厌氧处理后所产生的沼气作为燃料、照明和发电时的稳定性会受外界环境，尤其是气温变化的干扰。

厌氧发酵处理可以分为两个阶段：第一阶段是酸化期（或水解期），污水中的蛋白质、碳水化合物、脂肪等物质经过氧化分解出氨基酸、脂肪酸、糖类等物质，再经过代谢作用后成为脂肪酸、醇类、CO_2、H_2、NH_4^+、H_2S 等物质；第二阶段是甲烷化期阶段，上述成分物质再次经过代谢作用后形成 CH_4、CO_2、H_2S 等物质。

实际操作中的厌氧处理方法有很多类型，按消化器类型划分为常规型、污泥滞留型和附着膜型三种。常规型消化器主要包括常规消化器、连续搅拌反应器和塞流式消化器。污泥滞留型消化器包括厌氧接触工艺、升流式固体反应器、升流式厌氧污泥床反应器、折流式反应器等。附着膜型反应器包括厌氧滤器、流化床和膨胀床等。其中，常规型消化器一般适用于料液浓度较大、悬浮物固体含量较高的有机废水，而污泥滞留型和附着膜型消化器则主要适用于料液浓度低、悬浮物固体含量少的有机废水。在操作中应根据废水的成分采用与之相对应的消化器，才能达到最佳的污水处理效果。

（1）连续搅拌反应器（STR）

STR 也称为完全混合式沼气池，具体操作是将发酵原料连续或半连续加入消化器中，经过消化后的污泥和污水分别由消化器底部和上部排出，产生的沼气则由顶部排出。利用 STR 可对水冲清粪或水泡清粪处理后产生的畜禽污水进行厌氧处理，优点是处理量大、产生沼气量多、便于管理、易起动、运行费用低，但缺点是所需的反应器容积大、投资多、污水的后续处理相对烦琐。

（2）升流式厌氧污泥床反应器（UASB）

UASB 属于污泥滞留型发酵处理工艺，处理过程是污水从厌氧污泥床底部流入后与污泥层中的污泥充分接触，微生物分解有机物产生的沼气泡向上运动，穿过水层进入气室，污水中的污泥发生絮凝，在重力作用下沉降，处理出水从沉淀区排到污泥床外。UASB 工艺常用于处理固液分离后的有机污水，其优点是消化器容积小、投资少、处理效果好，但缺点是产沼气量相对较少、起动慢、管理复杂、运行费用稍高。在有机负荷为每天 COD 可达 8～10 千克/米³ 条件下，UASB 对猪场废水 COD 去除率可达到 75％～85％。采用含两级 UASB 反应器的一体化生物消化系统处理猪场废水，可实现较为良好的处理效果，在处理过程中如果能增加停留时间，则可以满足农用要求。

（3）其他厌氧处理工艺

采用厌氧折流板反应器（ABR）处理规模化猪场污水时，常温条件下的容积负荷每天 COD 可达 8～10 千克/米³，COD 去除率能够稳定在 65％左右，ABR 比一般厌氧反应器启动更快，而且呈现出更加稳定和更强的抗冲击负荷等特点。现有研究对厌氧-加原水-间歇曝气工艺与厌氧-序批操作反应器工艺和 SBR 净化猪场废水进行了技术经济对比分析，发现厌氧- SBR 工艺去除效率低，处理出水污染物的浓度较高，不适于猪场废水处理，而 Anarwia 的处理效果与 SBR 相当，但污染物去除率高，出水 COD 和氨氮浓度低。此外，覆膜沼气池是目前大规模畜禽养殖场中较为偏好的沼气发酵处理工艺，其集发酵、贮气于一体，采用防渗膜材料将整个厌氧塘进行全封闭，具有施工简单、方便、快速、造价低，工艺流程简单，运行维护方便以及污水滞留时间长、消化充分、密封性能好、日产沼气量多等多种优点。同时，覆膜沼气池底部设有自动排泥装置，因此池内的污泥淤积量较少。

3. 好氧处理技术

好氧处理技术是主要通过好氧菌和兼性厌氧菌之间发生的生化作用来完成废水处理过程的工艺。好氧处理可分为天然和人工两种类别。好氧处理在天然条件下一般不设人工曝气装置，主要是利用自然生态系统的自净能力完成污水的净化过程，如天然水体的自净、氧化塘处理和土地处理等。好氧处理在人工条件下需要向装有好氧微生物的容器或构筑物中不断供给充足的氧气，利用好氧微生物来净化污水。此种处理方法主要包括活性污泥法、氧化沟法、生物转盘法、序批操作反应器、生物膜法、人工湿地等。好氧处理法处理畜禽养殖场污水能够有效降低污水 COD，去除氮和磷（栾亚萍，2022）。采用好氧处理技术处理畜禽养殖场污水，大多采用序批操作反应器、氧化沟法、缺氧-好氧处理工艺（A/O），尤其序批操作反应器对高氨氮含量的畜禽养殖场污水有很好的去除效果，国内外大多采用序批操作反应器作为畜禽养殖场污水厌氧处理后的后续处理。但好氧处理技术也有部分缺点，如污水停留时间较长，反应器体积大且耗能高、投资多。

（1）序批操作反应器（SBR）

SBR 是一种按照间歇曝气方式运行的活性污泥污水处理技术。其与传统污水处理工艺有较大不同，SBR 采用时间分割的操作方式替代空间分割，非稳定生化反应替代稳定生化反应，静置理想沉淀替代传统的动态沉淀等操作方式。SBR 的主要特点是有序运行和间歇操作，该处理工艺的核心部件是 SBR 反应池，集均化、初沉、生物降解、二沉等功能于一体，不需要安置污泥回流系统。

（2）人工湿地

人工湿地是人为设计、建造的模仿自然生态系统中的湿地，是在处理床上种植水生植物或湿生植物用于处理污水的一种工艺。人工湿地是结合生物学、化学、物理学过程的污水处理技术设施。通过人工湿地的处理床、湿地植物及微生物，以及三者的相互作用，不仅可以去除污水中的大部分 SS 和部分有机物，还对畜禽养殖场污水中氮、磷、重金属、病原体有更佳的去除效果，且具有方便运行和维护等优点。

通常，集约型畜禽养殖场污水排放量较大，经过固液分离、厌氧处理、好氧处理等一系列处理过程之后，出水中 COD 和 SS 含量仍然较高，还需要对污水进行二级处理才能够达到排放标准，而采用人工湿地处理技术可以有效解决这一难题。人工湿地可采用内填充粒径 3～5 厘米的碎石构建厚度为 60 厘米左右的处理床，在碎石处理床上栽种耐有机物污水的高等植物（如柽柳、香根草、风车草等），湿地进水通过位于湿地前部的进水槽从处理床前端底部分多孔均匀进水，从另一端上部多孔均匀出水。当污水渗流石床后，在一定时间内碎石床会生长出生物膜，在近根区有氧情况下，生物膜上的大量微生物会将有机物氧化分解为含氮无机物。在缺氧区通过反硝化作用进行脱氮。人工湿地碎石床既是植物的土壤又是一种高效化的生物滤床，是一种较为理想的全方位生态净化处理方式。实际操作中可在养殖场周边构建若干个串联的潜流式人工湿地用于处理畜禽养殖场污水（廖明晶，2021）。

（3）氧化塘

氧化塘是指天然形成的或只经过一定人工修整的有机污水处理池塘。近年来，氧化塘技术在畜牧业废水处理中被广泛应用，根据畜禽养殖场污水氮和磷的含量较高、溶解氧低等特点，可采用占地面积更大的氧化塘来处理污水，如水生植物塘、鱼塘等。浮水植物净化塘是目前应用相对广泛的水生植物净化系统，经常作为畜禽粪污水厌氧消化排出液的接纳塘，或是厌氧＋好氧处理出水的接纳塘。通常采用水葫芦、水浮莲和水花生作为浮水植物进行种植。南方地区普遍使用鱼塘作为畜禽养殖场的氧化塘处理系统，它不仅简单、经济、实用，而且有一定经济回报，它也是畜禽养殖场污水处理工艺的最后一个环节。

第三节　畜禽养殖废弃物无害化处理技术

畜禽养殖过程中部分畜禽因病死亡是客观存在和不可避免的现象，病死畜禽含有大量的病原体，必须对其进行无害化处理，否则可能作为传染源引发疫情。家畜分娩中产生的胎盘及死胎属于同种情况，也需要及时进行无害化处理。病死畜禽的无害化处理技术是指用物理、化学、生物等多种方法处理病死畜禽尸体、胎盘及死胎等，消灭其所携带的病原体，减少腐臭以及消除危害的过程。病死畜禽的处理技术主要有焚烧处理、深埋处理、化尸窖处理、生物发酵处理等。

一、焚烧处理

焚烧处理是指在焚烧容器内使畜禽尸体在富氧或无氧条件下进行氧化反应或热解反应，消灭其所携带的病原体，消除畜禽尸体危害的过程。如果畜禽养殖场附近有专门的焚烧场所，病死畜禽及家禽胎盘等可运送到焚烧场进行专业焚烧处理，运送过程需做好密封处理，防止散播病原。如果畜禽养殖场附近无专业焚烧场进行专业焚烧处理，可以通过自建小型焚烧炉，利用沼气、木材或柴油对病畜禽进行破碎预处理。尸体投入焚烧炉时需要严格控制尸体投入频率和重量，使物料能够充分与空气接触，保证完全燃烧。利用焚烧法处理病死畜禽要在焚烧装置上安装废气导管、烟气净化系统及喷淋设备以确保焚烧过程中烟气排放达标。

中小规模畜禽养殖场一般建有沼气池，沼气中的甲烷既是优质的生物质能源也是强效的温室气体，未利用完的沼气不宜直接排入空气中，而应该将其燃烧成二氧化碳后再排入大气以利于环境保护。规模较小的畜禽养殖场一般不会配套安装相应的沼气发电设施，沼气池所产生的沼气通常只能作为生活燃气使用。因此，中小规模畜禽养殖场建设沼气焚烧炉对病死畜禽进行无害化处理是比较经济和有效的处理方式。沼气焚烧炉内径 1.8～2 米，炉膛高 1.8 米左右，整体高度为 6 米左右。炉膛内设置双层沼气炉头，两炉头相距 1.5 米左右，底层炉头在炉膛漏缝层下 5 厘米左右，底层炉头焚烧不完全的物质上升到第二层沼气炉头再次燃烧，使病死畜禽的可燃物质充分燃烧以减少对大气的污染。炉膛口宽约 90 厘米，高约 50 厘米，方便将病死的畜禽投入沼气焚烧炉，需要注意的是沼气焚烧炉所用建筑材料必须是耐高温材料。

二、深埋处理

深埋处理是将病死畜禽进行深坑填埋的处理方法。填埋坑要选择设置在地势较高且干燥以及处于下风向的位置，填埋坑需要远离养殖场、屠宰加工场所、饮用水源地、居民区、集贸市场、学校等人口密集区域和远离河流、公路、铁路等主要交通干线的地方。填埋坑的容积大小应以实际处理畜禽尸体数量来确定，填埋坑底部应高出地下水位 1.5 米以上，在底部需撒上一层厚 2～5 厘米的生石灰，每放置一层畜禽尸体都需要撒上一层生石灰进行覆盖，最上层应距离地表 1.5 米左右，用泥土覆盖并稍加拍实以防止被狗或其他野生动物掘开，填埋坑需设置醒目的警示牌以防止被人无意挖开。畜禽尸体掩埋完成后应立即用氯制剂、漂白粉或生石灰等消毒药对填埋场所及周围进行 1 次彻底消毒。尸体填埋后的一周内应保证每日 1 次巡查，第二周起应每周巡查 1 次，连续巡查 3 个月之后，需在填埋坑塌陷处及时加盖覆土。

三、化尸窖处理

化尸窖处理是采用化尸窖放置并处理病死畜禽的方法。畜禽养殖场的化尸窖应结合该场地形特点，宜建在下风向远离取水点。化尸窖容积可根据畜禽养殖场的饲养量进行合理配置，化尸窖应为砖和混凝土或者钢筋和混凝土密封结构，并且需要做防渗、防漏处理。在化尸窖的顶部设置投置口，加盖密封、加双锁，设置异味吸附、过滤等除味装置。投放病死畜禽尸体之前，应在化尸窖底部铺洒一定量的生石灰或消毒液，投放结束后，需对投置口进行密封加盖、加锁，并对投置口、化尸窖及周边环境进行彻底消毒。一个普通规模的畜禽养殖场应设置 2 个以上的化尸窖轮流使用，当化尸窖内动物尸体达到容积的 3/4 时，就应停止使用并密封。等到封闭在化尸窖内的动物尸体完全分解之后才可以继续重新启用。化尸窖周围需要设置围栏和醒目警示标志及管理人员姓名和联系电话公示牌，实行专人管理。应注意化尸窖的日常维护，一旦发现破损、渗漏时应及时修复。

四、生物发酵处理

生物发酵处理是利用微生物发酵处理病死畜禽尸体并制作成有机肥的处理方法。生物发酵技术一般是采用堆肥发酵方法和发酵罐发酵方法，堆肥发酵方法主要有密闭箱式堆肥、静态垛堆肥、条垛堆肥和仓式堆肥等。

密闭箱式堆肥是将病死畜禽尸体放在密闭的容器中进行堆肥降解，适用于小型畜禽尸体堆肥。静态垛堆肥和条垛堆肥是在开放的地面上进行堆肥，适用于体型较大的病死家畜或需要堆肥处理较多病死畜禽情况下的堆肥方式。仓式堆肥是通过使用木板、草垛或水泥墙筑成一个具有三面墙体，一面敞开的堆肥场地，适用于较大的病死家畜或需要堆肥处理的较多病死畜禽情况下的堆肥方式，便于使用机械进行翻堆，建筑成本较高。畜禽养殖场应根据自身类型、养殖规模、死亡畜禽数量及堆肥成本等情况灵活选择合适的堆肥处理方式。

堆肥发酵场建设地点的选择要遵循不污染地下水和地表水，有利于生物安全防护和不影响居民生活、生产的原则。由于病死畜禽堆肥降解过程中会发生液体渗出，渗出液通过渗透作用进入地下水或地表水会造成水环境污染。因此，堆肥场要选择在距离湖泊、溪流、鱼塘、排水沟不小于 300 米且距离地下水位不小于 1 米的低渗透性地点。堆肥场地面要做防渗透处理措施，对地面进行水泥硬化后再覆盖防渗布，对堆肥场做防雨、防雪设施，防止因雨雪增加堆肥渗出液，修建专门的渗出液通道便于收集和处理渗出液。病死畜禽尸体含有大量病原微生物，为防止细菌和病毒在堆肥运输尸体中传播，病死畜禽尸体堆肥场地要选择在畜禽养殖区之外，修建专用的运输尸体道路以降低病原传播风险。堆肥场还需要设置防食腐动物的栅栏或围墙。畜禽尸体堆肥场地要远离居民区、公共场所及主要交通线。

病死畜禽堆肥降解过程需要使用一些农林废弃物作为辅助材料，为堆肥发酵补充碳源、调控含水量和增加堆体孔隙度（增加含氧量）。常用的堆肥辅料有玉米秸秆、花生壳、木屑、干草、稻壳、稻草、树叶等。堆肥发酵场内可分成若干个发酵仓轮流使用。病死畜禽发酵处理前，在堆肥发酵场地或发酵池底覆盖 30～60 厘米厚的辅料（稻糠、木屑等混合物，辅料中加入特定生物制剂发酵更好），辅料上平铺尸体，勿将尸体叠放（如果是体型较小的畜禽，可适当叠放，但叠放厚度不超过 10 厘米）。堆积多层尸体发酵时，每层尸体之间铺设的辅料厚度约为 30 厘米，在最顶层畜禽尸体上覆盖厚度为 60 厘米左右的辅料层，顶层辅料要覆盖畜禽尸体各个部位，注意防止其四肢裸露在外。堆体高度可根据需要处理尸体数量来确定，一般控制在 1.8 米内以方便操作为主。病死畜禽堆肥发酵共分为三期，第一期的发酵时间与单个尸体块重量的平方根成正比，即第一期的发酵时间（天数）约等于单个尸体块重量（千克）平方根的 7.5 倍，最低不少于 10 天。第一期发酵结束后对堆垛进行翻堆进入第二期发酵，第二期的发酵时间约为第一期时间的 1/3，最低不少于 10 天。第三期为贮存期也是对堆肥进行进一步熟化、固化和等待还田利用阶段，时间不少于 30 天，可以单独贮存熟化，也可与需熟化的畜禽场粪渣堆肥发酵物一起混合进行熟化。腐熟后的发酵物可作为有机肥还田利用，部分可作为辅料回用于病死畜禽堆肥。发酵后的骨头等残留物可做掩埋和焚烧处理，也可回收放入新的堆肥系统从第一期开始新的发酵降解。

堆肥发酵过程中要注意堆肥辅料水分控制。堆肥辅料含水量和微生物发酵及堆肥渗出液密切相关，如果辅料干燥则不利于微生物对尸体有机成分进行分解，如果辅料的含水量过高则堆肥降解中将产生过多的渗出液。辅料含水量一般需要控制在 25%～50%，以用手抓辅料成团但不会有渗出液为宜。堆肥堆发酵过程中有渗出液时需要在堆肥场地周边增加辅料用来吸收渗出液，以防止渗出液对周边水源造成污染。

此外，堆肥第一期时间除可依据尸体重量进行估算外，也可通过对堆肥内部畜禽尸体温度监测来确定翻堆时间，当堆肥内部温度低于 43.3℃或连续几天温度下降时，可以进行翻堆进入尸体堆肥发酵第二期。翻堆后进入堆肥发酵第二期时要对堆垛水分进行调节，如果发现含水量高则需要添加新的辅料。如果发现含水量低则需要加水增加湿度。

发酵罐发酵处理是采用专用病死畜禽发酵处理设备，在设备内将病死畜禽绞碎并与辅料和发酵菌种按一定比例混合、加温发酵的处理方式。该处理方式具有发酵时间短、占地面积少的优点。发酵物呈粉末状，可以单独贮存熟化也可以与需熟化的畜禽养殖场粪渣堆肥发酵物一起混合进行熟化，但耗电量会相对较大。需要注意的是，因重大动物疫病或人畜共患病死亡的畜禽不得使用发酵法处理。

第四节　畜禽养殖废弃物资源化利用技术

一、沼气利用

厌氧发酵所产生的大量沼气可以作为能源用于发电、热水循环供暖、焚烧病死畜禽、生活燃料等。沼气中的甲烷是强效的温室气体，等质量甲烷的温室效应为二氧化碳的 21～25 倍。所以，没有用完的沼气不宜直接排入大气以降低温室效应。另外，沼气中含有少量的硫化氢，硫化氢燃烧过程中会产生二氧化硫，二氧化硫遇水会形成强腐蚀性的硫酸。因此，沼气在利用前需要进行脱硫处理（图 3-1）。

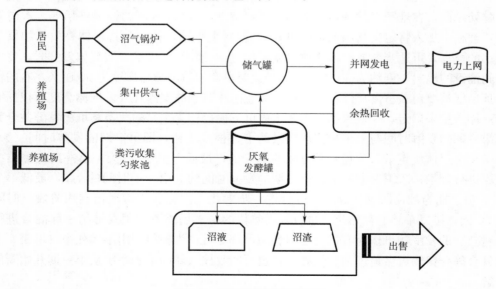

图 3-1　沼气利用流程示意图

二、固态有机肥及沼液利用

（一）固态有机肥的利用

畜禽粪便是饲料在畜禽体内经过消化后排出的物质，其成分主要是纤维素、半纤维素、木质素、蛋白质及其分解产物，如脂肪酸、有机酸及某些无机盐类。尿是经过畜禽体内消化吸收后排出的液体，其主成分是水和水溶性物质，主要含有尿素、尿酸和钾、钠、钙、镁等无机盐。畜禽粪尿中含有丰富的有机质和氮、磷、钾及微量元素等。畜禽粪尿数量大，养分丰富，所占的养分达农村有机肥料总量的 63%～72%。

畜禽粪尿的成分因家畜的种类和大小以及饲料等的不同而存在一定差异。其中猪粪含有机质 15%、全氮 0.55%、水解氮 4.14 毫克/千克、全磷 0.4%、有效磷 4.14 毫克/千克、全钾 0.44%、速效钾 7.28 毫克/千克、氧化钙 0.09%；猪尿含有机质 2.5%、全氮 0.3%、全磷 0.12%、全钾 0.95%、氧化钙 1%。猪粪质地较细，含纤维少，养分含量高，腐熟后的猪粪等可以形成大量的腐殖质和蜡质，而且阳离子交换量高。蜡质能够防止土壤毛管水分的蒸发，对于保持土壤水分有一定的作用。猪粪中含有较多的氮化细菌，劲柔，后劲长，既长苗，又壮棵，使作物籽粒饱满。

禽粪中含有丰富的养分和较多的有机质。按干重计，还含有 3%～6% 的钙，1%～3% 的镁和微量元素。鸡粪含有机质 25.5%、全氮 1.63%、全磷 1.54%、全钾 0.85%。禽粪中绝大多数养分为有机态，肥效稳长。

除氮、磷、钾外，畜禽粪便还含有中、微量营养元素。其含量范围为：镁 0.07%～0.25%，硫 0.05%～0.28%，铁 36～422 毫克/千克，锰 9～54 毫克/千克，铜 5～14 毫克/千克，锌 0.5～50 毫克/千克，硼 9～54 毫克/千克。因此，用畜禽粪便制成的固态有机肥是作物的优质肥料，适宜用于各种土壤和作物，既可做底肥也可以做追肥。该类肥料肥效长、供肥平稳、培肥地力效果好，具有改良土壤、增加土壤通气保水性能、减少化肥流失、提高农产品产量、改善农产品质量的作用。可用于蔬菜、花卉、果树等作物的栽培。具体施用量及施肥方法需要视作物品种、土壤肥力及有机肥养分含量而定。

（二）沼液利用

畜禽养殖场污水厌氧发酵后形成的沼液是优质高效的液态有机肥，厌氧发酵原料中的氮、磷、钾有 90% 以上保留在其中，而且沼液中还含有多种氨基酸、植物生长素和有益微生物，对提高种子发芽率、促进作物生长、提高农作物品质、拮抗农作物病虫害有明显效果。沼液呈弱碱性，对南方酸性土壤有改善酸碱度的作用。沼液中氮和钾主要以速效形态存在，能迅速被作物吸收利用，沼液中速效磷只占总磷的 30% 左右，大部分的磷与有机物结合可起到缓释作用。沼液既可做基肥也可以做追肥和叶面肥施用。研究表明，农作物在施用最佳沼液量时，不会造成地表水的富营养和土壤中的重金属富集。但农作物施用沼液时需要特别注意的是，不同畜禽养殖场沼液中氮、磷、钾浓度差异巨大，同时不同作物品种对养分的需求也相差较大，导致现有研究中每亩沼液的施用量从数吨到数百吨不等。因此，在施用沼液时必须对沼液进行养分含量测定，根据作物品种和土地肥力情况决定每亩的施用量。

三、畜禽粪污土地承载力

畜禽粪污土地承载力是指土地生态系统可持续运行的情况下，一定区域内耕地、林地和草原等所能够承载的最大畜禽存栏量。此区域内的畜禽粪污全部或部分用于本区域内的植物施肥。因不同种类畜禽排泄氮、磷养分量差异很大，为统一标准和方便计算，可以用猪当量来表示。猪当量是指用于衡量畜禽氮、磷排泄量的度量单位，1头猪当量的氮排泄量为11千克、磷排泄量为1.65千克，按存栏量折算，100头猪相当于15头奶牛、30头肉牛、250只羊、2 500只家禽。

畜禽粪污土地承载力与土地肥力、种植植物种类及其产量、肥粪管理方式有关。土壤根据氮、磷养分含量分为三级，分级标准如表3-4所示。在不同土地肥力情况下，植物需要的氮、磷养分按施肥提供的比例有所不同，Ⅰ级土壤约35％的氮（磷）需要由施肥来提供，Ⅱ级土壤约45％的氮（磷）需要由施肥来提供，Ⅲ级土壤约55％的氮（磷）需要由施肥来提供。

表3-4　土壤氮、磷养分分级表

土壤氮、磷养分分级		Ⅰ	Ⅱ	Ⅲ
土壤有效磷含量/（毫克/千克）	旱地（大田作物）	>40	20-40	<20
		>1.0	0.8-1.0	<0.8
土壤全氮含量/（克/千克）	水田	>1.2	1.0-1.2	<1.0
	菜地	>1.2	1.0-1.2	<1.0
	果园	>1.0	0.8-1.0	<0.8

资料来源：农业部办公厅，2018. 畜禽粪污土地承载力测算技术指南。

不同作物每形成100千克产量、林木每形成1米³木材所需要吸收的氮、磷量推荐值如表3-5所示。

表3-5　不同作物形成100千克产量需要吸收养分量推荐表

作物种类		氮/千克	磷/千克
大田作物	小麦	3.0	1.0
	水稻	2.32	0.8
	玉米	2.3	0.3
	谷子	3.8	0.44
	大豆	7.2	0.748
	棉花	11.7	3.04
	马铃薯	0.5	0.088
蔬菜	黄瓜	0.28	0.09
	番茄	0.33	0.1
	青椒	0.51	0.107
	茄子	0.34	0.1

（续）

作物种类		氮/千克	磷/千克
蔬菜	大白菜	0.15	0.07
	萝卜	0.28	0.057
	大葱	0.19	0.036
	大蒜	0.82	0.146
果树	桃	0.21	0.033
	葡萄	0.74	0.512
	香蕉	0.73	0.216
	苹果	0.3	0.08
	梨	0.47	0.23
	柑橘	0.6	0.11
经济作物	油料	7.19	0.887
	甘蔗	0.18	0.016
	甜菜	0.48	0.062
	烟叶	3.85	0.532
	茶叶	6.40	0.88
人工草地	苜蓿	0.2	0.2
	饲用燕麦	2.5	0.8
人工林地	桉树*	3.3	3.3
	杨树*	2.5	2.5

资料来源：农业部办公厅，2018. 畜禽粪污土地承载力测算技术指南。

* 为每形成 1 米^3 木材所需氮、磷的量。

畜禽粪污土地承载力的测算公式为：种植某种植物的土地每亩所能承载的最大畜禽存栏量＝［（某植物当季每亩预期产量×单位产量所需养分量×施肥供给养分所占比率×粪肥养分占施肥养分比率）÷粪肥养分当季利用率］÷施肥时 1 个猪当量所能提供的养分量。单位为：猪当量/亩/当季。畜禽排泄出的粪污在收集、无害化处理和贮存过程中会损失部分氮、磷养分，畜禽排泄 1 个猪当量的氮、磷到施肥时，约能提供 7 千克氮、1.2 千克磷的养分。粪肥中氮当季利用率为 25%～30%，磷当季利用率为 30%～35%。土壤肥力Ⅱ级的土地，在施用粪肥提供的氮（磷）养分占施肥的氮（磷）养分比率为 50%的情况下，以氮、磷为基础分别测算的种植不同植物的土地当季所能消纳畜禽粪污的最大能力分别如表 3-6 和表 3-7 所示。当同一土地两种测算结果不一致时，取最小值。

表 3-6　以氮为基础的不同植物土地承载力推荐表

作物种类		目标产量 /（吨/公顷）	土地承载力	
			粪肥全部就地利用	固体粪便堆肥外供＋肥水就地利用
大田作物	小麦	4.5	1.2	2.3
	水稻	6.0	1.1	2.3

（续）

作物种类		目标产量 / （吨/公顷）	土地承载力	
			粪肥全部就地利用	固体粪便堆肥外供＋肥水就地利用
大田作物	玉米	6.0	1.2	2.4
	谷子	4.5	1.5	2.9
	大豆	3.0	1.9	3.7
	棉花	2.2	2.2	4.4
	马铃薯	20	0.9	1.7
蔬菜	黄瓜	75	1.8	3.6
	番茄	75	2.1	4.2
	青椒	45	2.0	3.9
	茄子	67.5	2.0	3.9
	大白菜	90	1.2	2.3
	萝卜	45	1.1	2.2
	大葱	55	0.9	1.8
	大蒜	26	1.8	3.7
果树	桃	30	0.5	1.1
	葡萄	25	1.6	3.2
	香蕉	60	3.8	7.5
	苹果	30	0.8	1.5
	梨	22.5	0.9	1.8
	柑橘	22.5	1.2	2.3
经济作物	油料	2.0	1.2	2.5
	甘蔗	90	1.4	2.8
	甜菜	122	5.0	10.0
	烟叶	1.56	0.5	1.0
	茶叶	4.3	2.4	4.7
人工草地	苜蓿	20	0.3	0.7
	饲用燕麦	4.0	0.9	1.7
人工林地	桉树*	30	0.9	1.7
	杨树*	20	0.4	0.9

资料来源：农业部办公厅，2018. 畜禽粪污土地承载力测算技术指南。

* 目标产量单位为米³/公顷，1公顷＝15亩（此处设定：土壤肥力为Ⅱ级，粪肥比例为50%，当季利用率为25%）。

表 3-7　以磷为基础的不同植物土地承载力推荐表

作物种类		目标产量/（吨/公顷）	土地承载力	
			粪肥全部就地利用	固体粪便堆肥外供＋肥水就地利用
大田作物	小麦	4.5	1.9	4.7
	水稻	6.0	2.0	5.0
	玉米	6.0	0.8	1.9
	谷子	4.5	0.8	2.1
	大豆	3.0	0.9	2.3
	棉花	2.2	2.8	7.0
	马铃薯	20	0.7	1.8
蔬菜	黄瓜	75	2.8	7.0
	番茄	75	3.1	7.8
	青椒	45	2.0	5.0
	茄子	67.5	2.8	7.0
	大白菜	90	2.6	6.6
	萝卜	45	1.1	2.7
	大葱	55	0.8	2.1
	大蒜	26	1.6	4.0
果树	桃	30	0.4	1.0
	葡萄	25	5.3	13.3
	香蕉	60	5.4	13.5
	苹果	30	1.0	2.5
	梨	22.5	2.2	5.4
	柑橘	22.5	1.0	2.6
经济作物	油料	2.0	0.7	1.8
	甘蔗	90	0.6	1.5
	甜菜	122	3.2	7.9
	烟叶	1.56	0.3	0.9
	茶叶	4.3	1.6	3.9
人工草地	苜蓿	20	1.7	4.2
	饲用燕麦	4.0	1.3	3.3
人工林地	桉树*	30	4.2	10.4
	杨树*	20	2.1	5.2

资料来源：农业部办公厅，2018. 畜禽粪污土地承载力测算技术指南。

* 目标产量单位为米³/公顷（此处设定：土壤肥力为Ⅱ级，粪肥比例为50%，当季利用率为25%）。

第五节　江西省畜禽养殖废弃物无害化和资源化利用综合技术应用

一、畜禽养殖废水无害化处理技术的应用

江西省畜禽养殖场废水处理方式主要为还林处理、还田处理、三级沉淀自然发酵处理、沉淀-沼气发酵处理、沉淀-沼气发酵-沉淀-水生植物塘处理以及粪水沉淀（水生植物塘）后直接排放养鱼处理等方式。其中，生猪、肉鸡、蛋鸡、鸭等规模化养殖场主要采用三级沉淀自然发酵处理、沉淀-沼气发酵处理、沉淀-沼气发酵-沉淀-水生植物塘处理及粪水沉淀（水生植物塘）后直接排放养鱼处理方式，上述处理方式占据比例较大。而合作社养殖户和散养户主要采用还田、还林和养鱼来处理废水，少部分进行直排处理。下文以生猪养殖为案例，针对江西省规模化养殖场和中小型养殖场两种类别，对几种生猪养殖废水无害化处理技术的应用做相关介绍。

（一）规模生猪养殖场废水无害化处理技术的应用

1. 水解酸化＋中温 UASB＋生物接触氧化＋人工湿地组合工艺处理养殖废水

水解酸化＋中温 UASB＋生物接触氧化＋人工湿地组合工艺是目前江西省规模化猪场所广泛应用的技术。这种处理技术的应用的主要构筑物是酸化调节池、增温计量池、中温 UASB 反应器、混凝沉淀池、生物接触氧化池、氧化塘、污泥浓缩池等。酸化调节池的主要作用是调节水质、水量，并进行水解酸化。增温计量池主要用于增温经水解酸化后的酸化液，泵入厌氧发酵池。厌氧发酵通常采用并联进水模式的 UASB 工艺，污水向上流经厌氧微生物污泥床时，污水中有机物被厌氧微生物降解，转化为 CH_4、CO_2 和 H_2O。厌氧发酵产生的沼气经脱硫、干燥后作为燃料为厂区供热，剩余的沼气经沼气发电机组转化为电能后并入电网。厌氧发酵后的废水（沼液）经混凝沉淀处理后部分通过管道直接输送至厂区配套的果园和稻田中的贮液池作为农肥综合利用，剩余的沼液进入生物接触氧化池进行深度氧化。有学者针对江西年存栏量 2 万头的规模化猪场，对水解酸化＋中温 UASB＋生物接触氧化＋人工湿地组合工艺的工程实践进行研究。结果表明，采用生物接触氧化池出水回流至 UASB 方式实现系统硝化与反硝化脱氮，氨氮去除率可达 85.6％；采用化学除磷和生物处理相结合，总磷的去除率可达 90.7％。经该工艺处理后，出水水质可以达 GB 18596—2001 排放标准，吨水处理费用仅为 0.85 元（李晓婷，2013）。

2. 升流厌氧污泥床/生物滴滤池/兼性塘处理养殖废水

升流厌氧污泥床/生物滴滤池/兼性塘处理养猪废水的技术主要是针对目前养猪场普遍采用的厌氧好氧处理效果差而无法达标排放的问题，采用配水工艺处理达到良好处理效果的一种养殖废水处理方式。其主要构筑物为格栅井、调节缺氧池、UASB 反应器、生物滴滤池、沉淀池、兼性塘、污泥池、石灰池等。工艺流程为废水经厂区排水管收集后进入格栅井，通过粗细格栅去除废水中较大的悬浮物或漂浮物，防止水泵及管道堵塞。经过固液分离机后，出水自流入调节缺氧池，通过泵输送到 UASB 反应器，大部分有机物被降解，并产生沼气。UASB 反应器出水进入生物滴滤池进行后续处理，部分有机物和大部分

NH_4^+-N 被降解，滴滤池出水部分经石灰池调节 pH 后回流至调节缺氧池。由于滴滤池出水部分指标仍比较高，因此需要采用兼性塘做进一步处理以满足达标排放要求。针对沉淀池和 UASB 池系统产生的污泥的处理工艺流程是将污泥通过静压排入污泥池，再由板框压滤机脱水处理，经过脱水后泥饼外运处置，污泥池上清液及板框压滤机滤液返回调节缺氧池，经格栅及固液分离产生的粪渣与猪舍的干清粪一起处理。有学者针对猪养殖规模为 1 万头的养猪场，采用升流厌氧污泥床（UASB）/生物滴滤池/兼性塘作为主体处理工艺，研究 UASB 池采用消化污泥接种，滴滤池采用自然挂膜法启动，经 3 个月的运行，对 COD、BOD、NH_4^+-N、SS 的去除率分别达到 95.0%、99.8%、86.7%、97.5%，出水的各项指标都达 GB 18596—2001 标准（朱乐辉，2010）。

3. QIC 有机废水处理技术处理养殖废水

QIC 有机废水处理技术是在对 IC 厌氧处理技术、工艺、装置进行不断改进后凝练出的有机废水处理新技术。其主要构筑物为斜筛、预沉池、水解酸化池、泵、QIC 厌氧反应罐、二沉池、SBR 反应池、污泥干化池等。QIC 厌氧反应器装置是工程关键技术，是以 IC 厌氧反应器的技术原理为基础，由混合区、第一厌氧区（颗粒污泥膨化区）、第二厌氧区（深处理区）、沉淀区和气液分离区 5 部分组成。污水从反应器下部布水器进入污泥床与污泥床污泥混合。有机废水在进入反应器底部时，与气液分离器回流水混合，混合水在通过反应器下部的颗粒污泥层时，将废水中大部分有机物分解，产生大量沼气。通过下部三相分离器的废水由于沼气的提升作用被提升到上部的气水分离装置，将沼气和废水分离，沼气通过管道排出，分离后的废水再回流到罐的底部，与进水混合。经过下部气液分离器的废水继续进入第二厌氧区（深处理区），进一步降解废水中的有机物。最后废水通过反应器上部三相分离器进入分离区将颗粒污泥、水、沼气进行分离，污泥则回流到反应器内以保持生物量，沼气由上部管道排出，处理后的水经溢流系统排出。江西正邦集团凤凰父母代猪场正是采用了该技术处理养猪废水取得了较为显著的效果。经处理后，废水中的 COD、BOD、氨氮及悬浮物等污染指标均得到大幅削减，出水水质稳定，污染物浓度均远低于国家《污水综合排放标准》二级标准。同时，该工程技术成本低，运行费用为 0.5～1.5 元/吨废水。

4. 规模生猪高床养殖清洁生产技术及序批 A/O 生化系统废水处理技术

2013 年，江西省畜牧技术推广站通过试验总结出规模猪场高床养殖清洁生产技术，通过改进栏舍设计，将"2/3 漏缝地板""斜坡集粪槽""饮用余水导流设计"三者进行有机结合，从源头上减少了废水的产生，比全省的规模猪场平均水平减少排水 72% 左右，实现了存栏 8 000 多头猪，每天排放废水量仅为 40 米³ 左右，节水效果明显，有效降低粪污处理后续压力，并提高畜舍内空气质量。这项技术已在全省的部分区域推广，仅赣州市已有 30 多家养殖场已建成节水栏舍，推广面积达 22 万米²。截至 2015 年，全省累计推广高床节水栏舍面积达 101.22 万米²，减排污水 2 415.76 万米³，对促进生猪生产方式转变和推进江西绿色生态文明建设发挥了重要作用。

在废水排放量减量化的基础上，采用序批 A/O 生化系统废水处理技术进一步处理猪场废水。其工艺技术的核心是通过两级固液分离、沉淀分离工序将废水中的粪渣分离后，采用序批 A/O 生化系统进行处理，采用间歇曝氧的方式，使生化池内交替出现好氧、厌氧环境，实现废水脱氮、除磷的目的。这种处理方式的工艺特点是废水不需经过厌氧发酵处理就可以直接进行间歇曝氧处理，有效地解决了经深度厌氧发酵后的猪场沼液中碳氮比严重失调而引起的出水水质不达标问题。同时，由于序批 A/O 池在停止曝气的条件下，废水中的溶解氧浓度迅速降低，废水中的反硝化细菌以及其他兼氧甚至厌氧微生物开始工作，将好氧条件下硝化反应产生的硝基亚硝基还原成氮气去除。废水中的有机物在兼氧微生物的作用下，分解成小分子有机物，部分降低了废水中的有机物含量更加有利于后续的好氧处理。猪场废水采用固液分离将废水中的大部分可直接去除的悬浮粪渣颗粒去除，经序批 A/O 生化系统处理后，可有效解决传统的猪场废水"厌氧＋好氧"处理工艺碳氮比失调而引起的出水水质较差的问题。序批 A/O 池通过采用间歇曝气方式，实现池内厌氧、好氧环境的交替变换，有效实现了反应器的脱氮功能，间歇曝氧。该工艺处理后的出水水质 COD、NH_4^+-N、TP 和 SS 均值为 107 毫克/升、15.9 毫克/升、7.2 毫克/升和 70 毫克/升，去除效率分别为 99.68％、99.47％、98.85％和 99.74％，能够达 GB 18596—2001 排放要求，并具有稳定运行的处理效果。此外，该工艺按照处理存栏 1 万头商品猪废水量设计，固定投资约 106 万元。将废水中的污染物浓度及排水量折算为全省平均水平后废水处理运行能耗成本为 1.55 元/米³，采用优化设计后的运行成本仅为 1.22 元/米³。按生猪存栏量进行复核运行费用为每 100 头 2.77 元。

5. 兼氧膜反应器（F-MBR）处理养殖废水

膜反应器（MBR）是由膜分离技术和生物处理技术相结合的高效污水处理技术，具有污染物去除效率高、出水水质优等特点。目前，国内外已广泛应用 MBR 技术处理养殖废水。兼氧膜生物反应器（F-MBR）是由江西金达莱环保股份有限公司在常规 MBR 基础上，自主研发提出新型 MBR 工艺，该工艺将膜组件与生物反应池集成一体化设备，包括主体反应区、设备区、清水区及相应的管道设施。其中，主体反应区包括膜组件、生物池和曝气系统，设备区设置有配套的电气设备及系统控制模块（采用 PLC 控制模块与 GPRS 控制模块，可以实现无人值守与远程动态监控）。

该反应器通过优化控制工艺参数对常规 MBR 技术进行了全面提升，较常规 MBR 具有高效低耗的优势，并成功实现了建立兼氧、有机污泥近零排放、污水气化除磷和污水污泥同步脱氮。以 100 吨/天的畜禽养殖废水处理工程为例，总投资为 120 万元，其中设备投资 120 万元，运行费用 3.24 万元/年，吨水占地 0.3 平方米，直接经济净效益为 3.96 万元/年。同时，该工艺简单，占地仅为传统工艺的 1/3～1/2，有机污泥产量少，节省了污泥处理成本，运行能耗也较低。污水经处理后可达《城市污水再生利用城市杂用水水质》（GB/T 18920—2002）标准，出水可用于道路清洗或绿化用水，节约了水资源。该技术可高效去除 COD、NH_4^+-N、TN、TP、SS 等污染物，养殖废水稳定达标排放，有效控制畜禽养殖废水对环境的污染，缓解环境压力。

对南昌市新建区的两个不同养殖场的实验研究表明：F-MBR 处理经厌氧发酵后的沼液水力停留时间 17.4 小时，污泥浓度稳定在 15 000 毫克/升，溶解氧值膜区为 1～2 毫克/升、兼氧区为 0.4～0.6 毫克/升，系统污泥负荷为 0.118 千克/（千克·天）（以 COD 计），体积负荷 1.755 千克/（米³·天）（以 COD 计），可使处理后出水 COD、氨氮、总氮、总磷和 SS 的浓度分别维持在 50 毫克/升、5 毫克/升、50 毫克/升、15 毫克/升和 10 毫克/升；

F-MBR 处理猪场养殖废水，水力停留时间为 10.4 小时，污泥浓度稳定在 18 000 毫克/升，体积负荷为 2.99 千克/（米³·天）（以 COD 计），污泥负荷为 0.156 千克/（千克·天）（以 COD 计），兼氧调节池兼氧区溶解氧 0.2～0.6 毫克/升，好氧区 2～6 毫克/升，兼氧 MBR 膜区溶解氧 1～2 毫克/升，兼氧区溶解氧 0.2～0.4 毫克/升，可使处理后排放出水的 COD、氨氮、总氮、总磷和 SS 的浓度分别保持为 102 毫克/升、76 毫克/升、81 毫克/升、31 毫克/升和 22 毫克/升。同时，F-MBR 运行过程中对污染物去除效率高、需氧量少、能耗低。反应器内微生物可形成动态平衡生态系统，工艺运行基本不排放有机剩余污泥。系统利用间歇产水及曝气的冲刷功能，可有效减缓膜污染。此外，F-MBR 受环境温度影响较大。环境温度低于 10℃时，微生物不易驯化，温度适宜时，系统启动快，微生物生长迅速。在进水浓度相当的情况下，F-MBR 水力停留时间长对污染物去除效果更好。

F-MBR 处理养殖废水技术成果获 2011 年江西省科学技术进步奖二等奖，并被中国环境保护产业协会评为 2013 年国家重点环境保护实用技术。目前，已广泛应用于畜禽养殖废水、生活污水和各类工业有机废水处理。

（二）中小型生猪养殖场废水无害化处理

目前，关于畜禽养殖污染处理技术政策及规范主要针对中大规模化养殖场和养殖小区，对于小型养殖场，技术成熟、经济合理的污染处理技术尚不完善。一些中小型养殖场，受限于经济和技术等多重原因，并未对养殖场废水进行合理处理或处理不完全即外排，对环境造成了较大污染。虽然这些养殖场一般都设有物理处理设施，即利用格栅、化粪池或滤网等设施进行简单的物理处理方法，但大部分中小型养殖场污水处理难以达到 GB 18596—2001 排放标准。江西省中小型畜禽养殖场占全省养殖场总数的绝大多数，它们多数采用的是水泡粪处理技术，养殖场所会产生大量的冲洗废水，部分未经妥善回收与处理就直接进行排放，成为农村面源污染的主要来源（武淑霞，2005）。

目前传统污水处理技术和工艺处理效果好，但其高昂的基建费用和处理成本对利润微薄的小型养殖场来说无法承受，且现存的养殖污水处理技术多数是针对规模化生猪养殖业，缺乏针对中小型生猪养殖污染的适应性污染防治技术。部分中小型养殖污水处理设备主要是搬用生活污水或规模化养殖废水处理的技术和设备。搬用生活污水处理设备很难有效运行，搬用规模化养殖废水处理技术和设备缺乏经济性、科学性。现有沼气池在后期维护管理也跟不上，缺乏适宜中小型养殖污水处理特点的技术。近年来，根据中小型养殖废水污染成分复杂、处理能力有限等特点，结合养殖场经济能力的实际情况以及当地的自然环境和气候等因素，认为江西省中小型养殖场可采用"生物＋生态"的技术思路对养殖废水进行无害化处理和回收利用。生物技术可以有效去除有机物和部分氮磷保证出水 COD 达标，生态技术主要是去除氮和磷并进一步改善处理效果，出水 COD、氮、磷全面达标。将生物技术与生态工程有机结合，能够充分发挥各自优势，实现既节省成本和运行费用又能取得稳定的除磷脱氮效果的目的。

鹰潭市余江区的一家养猪场，猪舍面积 1 500 米²，最大存栏数 500 头，实际存栏数 300 头。该养殖场通过干清粪处理技术对猪粪和猪尿进行分离，猪粪以人工方式收集、清扫、运走，然后对猪舍进行冲洗，尿及冲洗水则从下水道流出。猪舍的冲洗水量在每天 4 500 升左右，废水的产生量大约为 4 000 升。在工程兴建之前，猪场猪粪主要作为有机肥用于周边农田，而废水主要储存在一粪尿储液池，即面积大约为 1 000 米² 的氧化塘中，经过一段时间后外排，因此造成周边严重的空气、水体污染。根据"兼顾农田排水和生态拦截功能，因地制宜，循环利用，生态降解"的原则，充分利用原有地形地貌（氧化塘和生态沟渠），基于干清粪处理工艺，采用了生物＋生态组合技术思路，设计出"源分离工艺＋氧化塘＋立体生物滤池＋人工湿地工程"组合工艺来处理养殖场废水，由源分离处理、氧化塘、立体生物滤池和人工湿地工程（生态沟渠和人工湿地）四个处理单元串联组成。源分离工艺＋氧化塘为预处理单元，采用源分离工艺，将猪粪和猪尿、猪尿-猪舍冲洗水分离开来，在源头削减养猪废水的污染负荷，同时，将分离出的高肥效猪粪和猪尿排入生物有机肥垫料池进行资源化利用。氧化塘主要是利用菌藻的协同代谢能力处理废水中的有机污染物，以减轻后续处理单元的负荷并降低需氧量。立体生物滤池主要用于去除有机物和氨氮，物理填料通过自身物理、化学吸附，沉降络合等作用有效去除沼液中固体悬浮物、有机物、氮磷等。人工湿地系统可进一步去除有机物和氮、磷营养物，保证出水水质达标排放。

根据中小型生猪养殖的污染源排放特征，基于干清粪处理工艺，采用源分离技术将猪粪和猪尿、猪尿-猪舍冲洗水分离开来，能够有效地削减养猪场废水污染物浓度，显著降低废水的污染负荷。经过源分离工艺分离后的冲洗水 COD 为 2 250～2 850 毫克/升、NH_4^+-N 为 375～463 毫克/升、总氮为 472～576 毫克/升、总磷为 95～119 毫克/升。组合工艺各工艺单元对源分离后的冲洗水具有不同的污染物去除率，立体生物滤池与人工湿地系统是组合工艺的核心单元。氧化塘、立体生物滤池和人工湿地系统各工艺单元对 COD 的去除率分别为 21.3%～26.6%、33.3%～52.3%、60.8%～78.8%，对 NH_4^+-N 的去除率分别为 18.1%～27.1%、58.5%～75.3%、42.0%～62.1%，对总氮的去除率分别为 20.2%～26.8%、38.8%～61.9%、60.7%～69.7%，对总磷的去除率分别为 24.5%～33.0%、46.3%～68.4%、67.5%～83.6%。"氧化塘-立体生物滤池-人工湿地系统"组合工艺对污染物具有良好的去除效果，组合工艺对源分离冲洗水中的 COD 去除率为 94.3%～98.3%，对总氮去除率为 87.0%～89.3%，对 NH_4^+-N 去除率为 85.7%～91.3%，对总磷去除率为 91.8%～93.8%，经过人工湿地系统的出水水质可以达 GB 18596—2001 排放要求（李晓婷，2013）。

二、病死畜禽无害化处理技术的应用

（一）病死畜禽无害化处理机制

病死畜禽无害化处理是一项事关畜牧业健康发展、公共卫生安全和生态环境质量的基础性工作，兰桂如等（2017）一直关注江西病死畜禽无害化集中处理体系建设情况，刘宗衍等（2018）记录江西省病死畜禽无害化处理监管工作情况。病死畜禽无害化处理资源化利用是江西省畜禽污染防治和综合利用的重点突破工作。江西先后印发了《关于建立病死畜禽无害化处理机制的实施意见》《关于做好育肥猪保险工作的通知》《江西省病死猪无害化处理试点方案》《江西省病死畜禽无害化集中处理体系建设实施方案》《关于落实养殖环节病死猪无害化处理补助政策的通知》等一系列文件。伴随着一系列具有关键性、引领性的举措落地生根，各地建立了病死畜禽无害化处理机制、举报机制，建立病死猪无害化处理与生猪保险理赔相结合的联动机制，建立完善了养殖屠宰场所官方兽医监督巡查制度。政府出台了病死畜禽无害化集中处理体系建设的财政扶持政策和补助政策，对病死畜禽无害化集中处理场建设按照日处理能力每吨补助 50 万元，对乡镇收集暂存点建设每个补助 20 万元。目前为止，江西省财政已落实无害化集中处理场建设补助资金 2 700 万元，实施集中处理体系建设项目 21 个，已建成并投入运营无害化集中处理场 8 个，日处理能力达到 68 吨，全省病死畜禽无害化处理工作取得了显著成效。

2015 年，江西省制定《江西省病死畜禽无害化处理体系建设规划（2015—2020）》，"十三五"期末基本建成布局合理的病死畜禽无害化处理体系，基本实现病死畜禽及时处理、清洁环保、合理利用的目标。率先在全省 23 个生猪养殖大县启动病死畜禽无害化集中处理体系项目建设工作，各地选择单点布局或多点布局方式推进。其中，单点布局方式，即在县（市、区）中心区域建设 1 个大型病死畜禽集中处理场，在乡镇建设多个收集暂存点。多点布局方式，即根据县（市、区）区域分布，分片规划，建设区域性病死畜禽集中处理中心。"十三五"期间，全省已有 29 个县（市、区）申报了病死畜禽无害化集中处理体系建设项目，其中基本建成的县有 6 个，正在开工建设的县有 16 个。同时，建立了由省农业厅牵头、省发展改革委、省财政厅、省公安厅、省药监局、省环保厅、省保监局等部门组成的江西省病死畜禽无害化处理工作联席会议制度，明确了工作职责和议事规则。建立了养殖屠宰场所官方监督巡查制度，建立并完善了病死畜禽无害化处理举报机制。强化政府考核目标，将病死畜禽无害化处理工作纳入江西省生态文明试验区建设评选指标体系，成为江西省试验示范区建设考核内容。此外，全省积极强化生产经营者无害化处理主体责任落实，开展无害化处理工作专项整治与督察。

（二）病死畜禽无害化处理应用的典型案例

新干县通过招商引资，在溧江、金川、界埠、麦斜高标准建立了 4 个病死畜禽无害化处理中心。处理中心厂区面积 1 万余米^2，日处理病死畜禽量达到 10 余吨，年处理病死猪能力达 7 万余头，使所有规模养殖场户能够通过自建设施或委托处理纳入无害化处理体系。处理中心全部采用高温生物降解技术原理，利用畜禽养殖场有机废弃物处理机产生的连续高温环境灭活病原体，通过分切、绞碎、发酵、杀菌、干燥等多个同步环节，把畜禽尸体成功转化为无害粉状的有机肥原料，最终达到环保批量处理，实现源头减废、变废为宝、消除病原菌的目标。目前，该县通过高温生物降解技术每月无害化处理病死猪达 4 000 余头，生产有机肥 150 吨。其做法主要是：

第一，规划布局病死畜禽无害化处理体系建设。通过强化组织领导，建立了"新干县病死畜禽无害化处理工作联席会议制度"，出台《关于印发新干县病死畜禽无害化处理设施意见的通知》等相关文件，为企业在项目审批、土地选址规划、环境评估、通水通电等方面提供政策支持。按照政府主导、市场运作、统筹规划、因地制宜、财政补助、保险联动的原则，进行招商引资，引导社会资本参与，以先建后补或以奖代补的形式，建立覆盖全县畜禽无害化处理体系，基本实现病死畜禽能及时处理、清洁环保、合理利用。组织参观学习，了解处理模式及运行机制及监管办法等。

第二，高标准建设畜禽无害化处理中心。结合畜禽饲养实际、病死畜禽数量及分布情况，根据无害化集中处理场建设选址和设计选址要求，严格选址，辐射收集无害化处理全县病死畜禽。通过参观学习，摸索出一套无害化处理场阶梯布局的高标准建设模式，即用台阶将工作区分成上下两部分，台阶上层设立冷库、辅料区、摆放死猪台，下层设立畜禽养殖场有机废弃物处理机、尾气处理设施、有机肥存储区等。该模式既方便病死猪、辅料投入处理，减少人力物力，又能天然隔断净道污道，防止交叉污染。同时，完善配套设施建设，选择专用的运输车辆或封闭厢式运载工具。通过划分责任区域明确各处理中心收集处理病死猪区域，宣传培训强化生产经营者主体责任。

第三，明确监管责任，制定监管方法，落实属地管理制度，加强病死畜禽无害化处理；通过保险联动，落实无害化处理补助。此外，通过加强协作、联合执法等措施，确保病死猪无害化处理各项工作措施落到实处。此外，该县将病死畜禽无害化处理体系建设及其无害化处理工作纳入政府考核目标。

永新县针对每个养殖场实际情况，指导督促养殖场、屠宰场选点建化尸井和沼气池，由动物卫生监督所验收和监管。同时采取一系列措施，推动病死畜禽无害化处理工作的开展。一是加大宣传。把《动物防疫法》《畜牧法》等法律法规通过电视、广播、标语、传单等方式宣传。二是明确责任。与养殖场、屠宰场签订《畜禽产品质量安全承诺书》，明确病死畜禽无害化处理第一责任人制度。养殖场、屠宰场发现病死或死因不明动物应该第一时间向辖区官方兽医报告，由官方兽医确定并监督无害化处理并报动物卫生监督所。动物卫生监督所在每月 25 日前统计到农业局、财政局。由财政局到年底统一发放无害化处理补贴费。三是强化管理。对沿河区域实行划片区管理，由当地政府联系村委和村级协防员实行巡逻。如发现辖区内村民和散养户有随意丢弃病死动物的行为则严肃教育批评，严重的情况还需要报动物卫生监督所处理。2015 年，共处理病死生猪 3 351 头、母猪 372 头、牛 106 头、禽类 1 万羽、山羊 38 头。

三、畜禽养殖粪污资源化利用综合技术的应用

畜禽养殖粪污资源化利用是实现农业循环的关键性控制环节。全省坚持用循环经济的理念，将种植业、养殖业、加工业相互结合，创造了许多种养一体化循环利用模式，既实现了物质和能源的循环可再生利用，也从根本意义上实现了污染的有效防控。

（一）以沼气为纽带的种养结合实践

在山江湖综合开发治理的过程中，赣州群众总结庭院经济的经验，结合当地实际和小流域综合开发治理的要求，在大力发展生猪生产、果业生产和农村沼气建设的基础上，按照生态学的原理，把三者有机结合起来，创造符合山区实用的"猪-沼-果"生态农业模式，被农业农村部誉为"赣南模式"。

"猪-沼-果"模式是按照生态经济的原理，运用系统工程方法，以沼气池为纽带，把养殖业（猪）、农村能源建设（沼）、种植业（果）有机结合，带动生猪和果业等产业综合发展的生态农业模式工程。具体而言，是猪粪下池发酵产气，供农户炊事、照明，沼渣用来肥果、种菜、喂猪等，形成农业生产内部物质和能量的反复循环利用。基本内容是农户建一个 $6\sim10$ 米³ 的沼气池，饲养生猪 $5\sim10$ 头，种果树 $0.3\sim0.4$ 公顷。20 世纪 90 年代以来尤其在 1995 年以后，赣南山区大力实施"猪-沼-果"工程，1997 年新建沼气池 9.82 万个，占全省 90%，处于全国领先水平。到 1998 年 9 月，赣州市累计实有沼气池 30 万个，沼

气池入户率达到 21%，开展了 953 个沼气生态农业村和 107 个沼气生态农业乡镇的建设，并在全省范围内推广。

"猪-沼-果"模式具有持续的活力、良好的效益和广泛的适应能力，容易和其他系统耦合并占据优势地位。此模式在山江湖工程中得到广泛的应用，如小流域综合治理、生态修复工程、红壤丘陵的治理与开发、农村面源污染的控制、产业结构调整、发展绿色农产品、血吸虫防治等。各地在推广应用中依据本地具体条件实施创新和发展，衍生出鄱阳湖区"猪-沼-鱼"、城镇郊区形成"猪-沼-菜"、粮食生产区"猪-沼-粮"等一系列模式。此外，在山地丘陵进行立体开发，创立了"山顶种树（林业）、山腰种果、山脚养猪、水面养鸭（鹅）、水中养鱼"的立体开发模式。兴国县农民进一步概括为"六个一"模式，即一农户、一口池、一栏猪、一园果、一棚菜、一塘鱼。全省利用此模式的农户年减少薪柴消耗量相当于约 324 万亩森林的薪柴年生长量，年创直接经济效益近 10 亿元，既解决了环境卫生问题，保护了生态环境；又发展了农业生产，增加了财政收入和农民收入；还促进了精神文明建设，实现了经济、社会、生态效益的有机统一。此外，还建立了一大批生态农业乡、村和走廊，生态农业户超过 20 多万户。

万安县青稿塘养猪场存栏能繁母猪 200 头，承包周边山地约 74 公顷，在山地上建有沼液储存池 400 米³，用于沼液贮存。沼液经厌氧处理后，通过喷灌灌溉山上桂花树、油茶树等苗木，多余沼液储存在山上储存池，用沼液及干粪施肥苗木长势良好，改善山坡土质。

江西加大畜牧有限公司年出栏种猪 30 000 头，通过"大型沼气综合利用工程项目"的建设，建成日处理 300 米³ 以上的养猪废水处理系统，周边配套种植 44 公顷赣南脐橙的果园，沼液通过高压提升泵多级提升后输送至厂区果园的高位贮液池，贮液池连接全场滴灌管网，通过水压输送至每棵脐橙树，未能完全利用的少量沼液，通过溢流进入后续氧化塘进行深度处理后达标排放。

江西省定南县五丰牧业有限公司以饲养生猪为主业，年出栏生猪达 6 万余头，该饲养场于 1997 年投资 150 万元建造一座 1 500 米³ 悬浮式半连续发酵沼气池，日进料量达 13.1 吨，所产沼气供应本厂职工生活用能、畜舍增温以及沼气发电，沼气发酵残余物用于周边 600 亩果园种植，脐橙亩产多达 3 吨，较好地解决了环境污染和卫生防疫问题，场内环境优美，空气清新。

江西省赣州市章贡区水科所于 2001 年建造一座 130 米³ 圆柱形沼气池与 10 米³ 浮罩贮气柜一处，用于处理 120 头生猪排泄物，目前日产沼气 20 米³，用于本所职工生活用能及猪舍消毒、冬季增温。沼肥主要用于池塘养鱼，种植饲草及蔬菜。据统计，与未建沼气池前相比，鱼产量增加了 15%，增收节支达 6 万余元，减少鱼病以及净化了水科所环境卫生条件和职工厨卫条件。

（二）资源循环利用应用探索

2012—2015 年期间，由江西省山江湖开发治理委员会承担的国际科技合作计划项目《农村有机废弃物资源化利用技术合作研究》在项目的实施过程中，根据我国农村有机废弃物资源化利用主要方式及大中型沼气工程发展现状，系统分析国内外沼气工程中混合厌氧发酵工艺和自动化控制系统研究进展和应用情况，项目参照奥地利有机废弃物资源循环利用工艺并结合江西省实际情况，设计了一套农村有机废弃物资源化利用方案。该方案以农村有机废弃物能源化为主，肥料化为辅，兼之生产食用菌等措施，综合处理处置沼液和冲栏废水，实现农村有机废弃物资源化利用。有机废弃物能源化引进奥地利高效卧式厌氧发酵技术，该技术适用猪粪、稻草秸秆、厨余垃圾等多种物质单独或混合，发酵材料高含固率可高至15%，可实施一级或多级发酵，反应时发酵时间缩短至10～15天，反应温度在35～42℃，实现大部分有机物转化。产生的沼气可直接用作生活燃料，也可通过发电上网实现能源长距离输送。沼渣、沼液可进一步资源化利用，既可制成商品有机肥，亦可直接给附近农民应用于农业生产。如发酵原料秸秆含量高，则沼渣中纤维含量也会相对较高，沼渣或尝试作为栽培食用菌的培养基等进行利用。

四、新型城镇沼气工程集中供气的应用

根据世界城镇化发展普遍规律，处于城镇化率30%～70%的快速发展区间时，如果延续粗放城镇化模式则会带来资源环境恶化、社会矛盾增多等风险。至2014年年底，江西省城镇人口占总人口比重50.2%，城镇化率正在快速上升，已处于资源环境恶化高风险期。面对大型沼气工程发展出现的问题，中央层面已着手新的发展模式。2014年3月，中共中央、国务院《国家新型城镇化规划（2014—2020年）》开辟"县城和重点镇基础设施提升工程"专栏，提出"因地制宜发展大中型沼气，在资源丰富地区显著提高城镇新能源和可再生能源工业消费比重"。2015年中央一号文件指出加强农业面源污染治理，开展秸秆、畜禽粪便资源化利用区域性示范。同时，国家加大了城镇集中供气示范推广工作，2015年国家科技支撑计划开辟专题，进行"城镇化清洁燃气集中供气系统技术集成与规模化应用模式示范"。

目前，江西省拥有城镇集中供气沼气工程条件，城镇沼气工程原料供应充足。近年来，全省生猪出栏维持在4000万头左右，规模养猪场（500头）约1.36万家，规模养猪场有一半以上未能建设完善的环保设施对废弃物有效处理。随着城镇化建设加快，农村有机废弃物相对集中，因而在一定范围内收集成本下降，解决了城镇沼气工程集中供气模式原料不足难题。城镇对清洁能源需求逐渐加大。随着城镇居民生活方式改变，能源消费多元化，相对传统用煤，越来越倾向于天然气、液化气等更为清洁的能源，在大量农村居民转变为城镇居民后，城镇居民对沼气等清洁能源的需求进一步加大，沼气集中供气有着巨大市场。

江西省首个政府和社会资本合作运作的大型城镇集中供气沼气工程在新余罗坊镇兴建。工程于2014年8月底开建，10月底完工，11月底开始供气，仅在半年内就实现了对该镇南边3000户居民的稳定供气。江西省山江湖开发治理委员办公室适时引进和消化国际最新混合原料厌氧发酵技术——高浓度中温高效厌氧发酵技术，形成了卧式发酵灌为主体的反应系统。该技术工艺将目前我国沼气工程可处理发酵原料固形物含量从6%～8%提高到10%～12%，原料组成从单一猪粪改变为以秸秆为主的秸秆-粪污混合，大大提高了沼气生产率。同时，破解了秸秆消化时间长的难题，秸秆消化从常规40天缩短至20天左右，从而使秸秆适宜于高效厌氧发酵。此外，该工艺还可处理病死猪，既有利于沼气的生产，又解决了病死猪集中无害化处理和资源化利用问题，阻断了病原体的传播。

　　该工程由江西正合环保集团（简称"正合环保集团"）兴建并运营，总投资3 005万元，其中受国家资助1 500万。工程覆盖罗坊镇周边15公里范围内30万头生猪养殖规模废弃物以及周边农村秸秆等有机废弃物，年处理养殖场粪污1万吨、秸秆5 000吨、病死猪2万头，满负荷下日产气4 100米^3，年产气149万米^3（转换成标准煤约106万吨）。

本 章 参 考 文 献

兰桂如，杨松琴，舒希凡，2017. 我省病死畜禽无害化集中处理体系建设发展势头强劲 [J]. 江西农业 (20)：28-29.

李晓婷，2013. 水解酸化＋中温UASB＋生物接触氧化＋人工湿地工艺处理规模化猪场废水的工程实践研究 [J]. 水处理技术，39 (5)：128-130，134.

廖明晶，范敬龙，匡代洪，等，2021. 种植多枝柽柳的模拟人工湿地对模拟污水中氮、磷、铅和镉的去除率研究 [J]. 湿地科学，19 (6)：715-725.

刘凤华，2021. 家畜环境卫生学 [M]. 北京：中国农业大学出版社.

刘宗衍，舒希凡，2018. 织牢病死畜禽监管网络 保障百姓餐桌食品安全：江西病死畜禽无害化处理监管工作纪实 [J]. 江西农业 (1)：24-27.

栾亚萍，宋利国，林久淑，等，2022. 不同曝气参数下间歇增氧垂直流人工湿地脱氮的分层效应 [J]. 环境工程学报，16 (1)：164-172.

彭国良，2020. 畜禽养殖废弃物综合处理利用技术 [M]. 广州：广东科技出版社.

单英杰，汪玉磊，倪治华，2021. 综合培肥措施对土壤地力和酸碱度的影响 [J]. 浙江农业科学，62 (6)：1226-1227.

武淑霞，2005. 我国农村畜禽养殖业氮磷排放变化特征及其对农业面源污染的影响 [D]. 北京：中国农业科学院.

赵鸢，章杰，2016. 环保饲料的开发及应用概况 [J]. 中国猪业，11 (3)：74-76.

朱乐辉，孙娟，龚良启，等，2010. 升流厌氧污泥床-生物滴滤池-兼性塘处理养猪废水 [J]. 水处理技术，36 (7)：126-128.

第四章　江西省畜禽养殖废弃物资源化利用及产业

畜禽养殖业是江西省的一大经济亮点，江西省拥有较好的畜禽养殖业发展条件，丰富的自然资源、独特的生态环境为畜禽养殖业的发展提供基础，随之而来的畜禽养殖业发展与环境污染间矛盾却日益凸显出来。实施畜禽养殖污染防治工程，推进畜禽养殖场粪污治理专项行动，推进标准化养殖场创建工作，启动病死畜禽无害化集中处理体系建设，是生态文明建设的重要内容。但是，畜禽养殖防治工作普遍起步晚，起点低，管理基础薄弱，与规模化畜禽养殖的快速发展严重脱节，同时受到处理模式灵活多样、所在地区普遍经济水平和管理水平较低等多种因素制约。目前，尽管有很多处理畜禽养殖污染的先进技术，但是畜禽养殖业是一个低利润行业，一般无法承受耗费较高的养殖污染处理工艺。处理成本已成为畜禽养殖污染处理的制约因素，推进标准化养殖，探寻设施投资少、运行费用低和处理高效的养殖业污染处理方法并进行资源化利用，已成为解决养殖业污染的关键所在。

第一节　江西省畜禽养殖业基本情况

江西省畜禽养殖业突出表现四个特点：

一是数量体量大。2018 年，全省肉类总产量 325.7 万吨，禽蛋产量 47.0 万吨，鲜奶产量 9.6 万吨。受非洲猪瘟疫情、禁养拆迁等因素影响，生猪生产小幅下降。生猪出栏 3 124.0 万头、存栏 1 587.3 万头，能繁母猪存栏 140.8 万头。家禽价格高位运行，家禽生产恢复性增长。家禽出栏 4.54 亿只、存栏 1.86 亿只。草地畜牧业发展政策持续向好，牛羊生产较快增长。牛出栏 119.4 万头、存栏 246.5 万头，羊出栏 131.5 万只、存栏 100.3 万只。

二是产业结构优。各地强力推进生猪养殖污染防治，淘汰了一大批落后产能，改造了一大批养猪场，引进了网易味央等一批现代化养殖企业，生猪产业规模水平、设施装备水平、生产经营水平明显提高；以现代水禽产业等项目为切入点，大力发展优质家禽生产，家禽产业机械化、集约化、专业化程度显著提升；以实施基础母牛扩群增量、南方现代草地畜牧业发展项目为契机，加快牛羊品种改良和草畜配套示范，草地畜牧业蓬勃发展，牛羊规模养殖比重明显提高；依托资源优势，大力发展养蜂、肉兔、肉鸽等特色畜牧业，畜产品供应能力与供给质量持续提升。牛羊肉和禽肉在肉类总产量中比重明显提高，优质特色畜产品市场供给增加。

三是产品质量高。坚持管生产必须管安全，按照"四个最严"要求，从投入品生产、经营、使用及养殖、屠宰等环节入手，组织开展专项整治行动，加强监督抽检、飞行检查和安全监管，畜产品、投入品抽检合格率在全国保持领先水平。

四是三产融合好。持续推进一二三产融合发展，畜牧业市场竞争力不断增强。引进培育了一批产加销一体化龙头企业，实施打造正邦集团、双胞胎集团千亿企业计划，培育煌上煌、博莱等成为全国有影响力的畜牧龙头企业；加强畜产品品牌培育，江西地方鸡品牌建设成效明显，泰和乌鸡荣获全国最受消费者喜爱的十大中国农产品区域公用品牌，崇仁麻鸡成为国家级农产品地理标志示范样板，宁都黄鸡通过国家生态原产地产品保护认定，荣获"全国百强农产品区域公用品牌"称号。萍乡杜仲公司成功打造"格林米特"高端猪肉品牌、九江仙姑寨公司获得有机牛肉认证等，旨在突出发展优质、特色、高端、品牌畜产品。同时，各地加强地方畜禽品种保护和开发利用，把特色养殖与休闲农业、特色小镇、餐饮旅游等紧密结合起来，有力推动了区域特色畜牧业发展。

第二节　江西省畜禽养殖污染防治情况

一、畜禽养殖污染防治现状

在国家畜禽粪污资源化利用整县推进项目的带动下，坚持农牧结合，畜禽粪污实现就地就近消纳。到 2018 年年底，累计创建畜禽养殖标准化示范场 775 家，全省规模畜禽养殖场粪污处理设施配套率达 92.6%。向有足够配套土地的养殖场户推行种养一体化，处理能力或配套用地不足的养殖场户推行第三方处理，生产加工有机肥。2018 年全省畜禽养殖废弃物资源化利用率 87.5%。全省已备案病死畜禽无害化集中处理体系建设项目 56 个，其中建成运行项目 31 个，日处理能力为 233 吨，病死畜禽专业化无害化集中处理能力大幅提升（易松强，2019）。

（一）畜禽养殖业发展现状

1. 畜禽养殖数量

统计资料显示，以年出栏量计算，2005—2021 年，江西省生猪养殖在 2014 年达到养殖最大数量后趋于回落，总体上，江西省畜禽养殖数量呈现逐年增加趋势，畜禽养殖业综合生产能力显著提高（表 4-1）。2021 年，江西省生猪、肉牛、肉羊、肉兔、肉禽年出栏量分别为 2 910 万头、147 万头、172 万只、375 万只、57 685 万羽（表 4-1）。其中，生猪养殖 2005 年至 2014 年逐年增长，后逐渐减少，特别是在 2019 年受"非洲猪瘟"影响，养殖数量下滑严重，此后逐步回升，总体上生猪养殖 2021 年较 2005 年增长了 24.7%，年均增长率为 1.5%；肉牛养殖 2021 年较 2005 年增长了 45.5%，年均增长率为 2.6%；肉羊养殖数量 2021 年较 2005 年增长了 66.9%，年均增长率为 3.9%；肉兔养殖数量 2021 年较 2005 年增长了 56.9%，年均增长率为 3.3%；肉禽养殖数量 2021 年较 2005 年增长了 57.7%，年均增长率为 3.4%（表 4-1）。

表 4-1　2014—2022 年江西省主要畜禽养殖出栏数量

畜禽	单位	2005 年	2010 年	2012 年	2014 年	2015 年	2016 年	2017 年	2018 年	2019 年	2020 年	2021 年
生猪	万头	2 333	2 898	3 131	3 316	3 243	3 130	3 180	3 124	2 547	2 218	2 910
肉牛	万头	101	140	144	150	155	115	116	119	125	135	147
肉羊	万只	103	90	89	93	96	115	123	132	144	158	172
肉兔	万只	239	319	345	371	368	330	322	325	311	599	375
肉禽	万羽	36 558	40 049	43 277	45 855	47 657	45 386	43 888	45 424	53 955	56 832	57 685

2014 年生猪养殖数量达近年高峰，肉牛、肉羊、肉兔、肉禽等处于近年来平均值，以 2014 年分析全省各设区高畜禽养殖业发展情况比较有代表性（表 4-2）。2014 年，生猪和肉牛年出栏量以宜春市位居首位，为 6 650 284 头，其次是赣州市和吉安市，分别为 6 425 342 头和 4 090 931 头；肉牛年出栏量以吉安市、赣州市和宜春市位居前 3 位，分别为 511 929 头、320 548 头、285 386 头；肉羊以萍乡市、宜春市和九江市位居前三位，分别为 229 615 头、210 870 头、177 696；肉兔以赣州市、宜春市位居前两位，分别为 1 746 686 万只、1 239 183 只；肉禽以赣州、抚州、吉安位居前三位。

表 4-2　2014 年江西省畜禽养殖数量　　　　　　　　　　　　（年出栏量）

县（市、区）	生猪/头	肉牛/头	肉羊/只	肉兔/只	肉禽/万羽
南昌市	3 586 330	62 548	22 457	16 630	5 034
景德镇市	583 943	21 983	12 024	122 019	545
萍乡市	1 441 394	15 742	229 615	18 285	1 052
九江市	2 216 371	26 830	177 696	101 748	1 924
新余市	929 040	55 526	11 627	—	473
鹰潭市	1 361 488	31 313	17 544	316 580	1 042
赣州市	6 425 342	320 548	80 555	1 746 686	10 741
吉安市	4 090 931	511 929	38 257	84 660	8 454
宜春市	6 650 284	285 386	210 870	1 239 183	4 338
抚州市	2 903 476	50 288	14 705	17 652	8 527
上饶市	2 968 009	115 519	119 518	50 420	3 725
全省	33 156 608	1 497 612	934 868	3 713 863	45 855

2. 畜禽养殖规模

根据统计资料和实地调查，根据生猪、肉牛、肉羊、蛋鸡、肉鸡年出栏量规模，统计出 2010—2014 年全省畜禽规模养殖场及养殖户数，见表 4-3。

2014 年，全省生猪、肉牛、肉鸡、蛋鸡养殖场及养殖户分别为 79.8 万个、51.45 万个、8.58 万个、63.67 万个、49.25 万个，比 2010 年分别下降了 41.9%、13.1%、25.7%、19.4%。其中，生猪＞500 头规模化养殖场数 2014 年为 1.37 万个，比 2010 年增加了 35.3%，规模化养殖出栏比例由 2010 年的 59.81% 上升到 2014 年的 63.57%；肉牛大于

50 头规模养殖场数 2014 年为 2 171 个，比 2010 年增加了 59.6%，规模化养殖比例由 2010 年的 0.23% 上升到 0.42%，规模化养殖出栏比例由 2014 年的 11.51% 上升到 2014 年的 12.43%。说明集约化、规模化畜禽业养殖逐渐成为主流。

表 4-3　2010—2014 年江西省生猪养殖情况

畜禽种类	指标	2010 年	2011 年	2012 年	2013 年	2014 年
生猪	养殖场总数/万个	137.3	107.6	89.3	88.6	79.8
	>500 头规模养殖场数/万个	1.02	1.10	1.23	1.31	1.37
	规模化养殖比例/%	0.74	1.03	1.44	1.48	1.72
	总出栏量/万头	2 910	2 984	3 130	3 230	3 316
	>500 头规模养殖场出栏量/万头	1 741	1 828	1 932	2 019	2 108
	规模化养殖场出栏量比例/%	59.81	61.27	61.73	62.51	63.57
肉牛	养殖场总数/万个	59.21	58.24	38.87	53.91	51.45
	>50 头规模养殖场数/个	1 360	1 527	1 492	1 637	2 171
	规模化养殖比例/%	0.230	0.262	0.384	0.304	0.422
	总出栏量/万头	138.2	138.1	143.8	146.3	14.0
	>50 头规模养殖场出栏量/万头	15.90	16.61	17.23	18.39	17.56
	规模化养殖场出栏量比例/%	11.51	12.03	11.98	12.57	12.43
肉羊	养殖场总数/万个	7.08	9.06	7.61	8.57	8.58
	>100 头规模养殖场数/个	916	935	1 125	1 179	1 406
	规模化养殖比例/%	1.294	1.032	1.479	1.375	1.638
	总出栏量/万头	90.74	91.19	88.72	90.30	93.26
	>100 头规模养殖场出栏量/万头	21.95	23.69	22.36	23.65	24.42
	规模化养殖场出栏量比例/%	24.20	25.97	25.20	26.19	26.18
肉鸡	养殖场总数/万个	85.68	59.79	66.56	70.35	63.67
	>2 000 羽规模养殖场数/万个	1.102	1.195	1.062	1.111	1.002
	规模化养殖比例/%	1.287	1.999	1.595	1.579	1.573
	总出栏量/万羽	1.83	1.95	1.99	2.02	2.13
	>2 000 只规模养殖场出栏量/万个	1.45	1.57	1.65	1.72	1.75
	规模化养殖场出栏量比例/%	79.30	80.58	83.21	85.24	82.54
蛋鸡	养殖场总数/万个	61.10	66.08	66.46	94.67	49.25
	>2 000 只规模养殖场数/个	2 141	1 569	1 652	1 698	1 741
	规模化养殖比例/%	0.350	0.237	0.249	0.179	0.354
	产蛋量/万吨	25.42	26.80	28.52	32.25	32.82
	>2 000 只规模养殖场产蛋量/吨	13.63	14.95	16.10	18.21	18.23
	规模化养殖场产蛋量比例/%	53.62	55.77	56.45	56.45	55.55

3. 畜禽养殖饲料投入及兽药种类

畜禽的养殖过程中，养殖投入品的安全问题越来越受到重视。其中，畜禽饲料和兽药是畜禽养殖过程中的主要投入品，而畜禽养殖污染物中的氮磷等来自投入的饲料。2014年，全省饲料投入 1 000 万吨左右，其中，生猪饲料占饲料总投入的 77.43%，占据主要地位。据鄱阳湖第二次科学考察，畜禽兽药使用方面，各畜禽养殖场的药品使用情况基本类似，主要有消毒、抗菌消毒、抗寄生虫等药品，其中生猪和肉牛养殖过程中使用生殖系统疾病相关药品较多。

（二）主要畜禽养殖粪便及污染物状况

1. 畜禽养殖粪便产生量

生猪、牛和禽类是江西省畜禽粪便产生的主体。根据生态环境部给出的畜禽养殖污染物产生系数（表 4-4），对全省 2014 年生猪、肉牛、禽类等畜禽品种养殖过程中的粪便产生量及污染物含量进行估算，见表 4-5，表 4-6 和表 4-7。由表 4-4 中的产污系数可知，生猪养殖主要产生化学需养量（COD）、锌（Zn）和铜（Cu）等污染物；牛养殖主要产生锌（Zn）、总氮（TN）和铜（Cu）等污染物，禽类养殖主要产生化学需氧量（COD）和锌（Zn）等污染物。

表 4-4　畜禽粪便及污染物产生系数

动物种类	污染物	计量单位	产污系数
生猪	粪便量	千克/（头·天）	0.80
	COD	克/（头·天）	241.78
	TN	克/（头·天）	17.59
	TP	克/（头·天）	2.23
	Cu	毫克/（头·天）	174.19
	Zn	毫克/（头·天）	210.82
牛	粪便量	千克/（头·天）	14.80
	COD	克/（头·天）	3 114
	TN	克/（头·天）	153.47
	TP	克/（头·天）	19.85
	Cu	毫克/（头·天）	102.95
	Zn	毫克/（头·天）	468.41
禽类	粪便量	千克/（羽·天）	0.15
	COD	克/（羽·天）	18.50
	TN	克/（羽·天）	1.06
	TP	克/（羽·天）	0.51
	Cu	毫克/（羽·天）	1.95
	Zn	毫克/（羽·天）	11.35

注：数据来源于江西省科技重大项目《鄱阳湖第二次科学考察》，其中，生猪、牛、肉鸡、蛋鸡的产污系数来源于第一次全国污染源普查领导小组办公室给出的华东区畜禽养殖产物系数，其中生猪、牛按 180 天出栏计算，禽类按 90 天出栏计算。

2014 年，全省累计产生粪便量 1 624.38 万吨，其中生猪、肉牛、肉禽产生粪便量分别为 666.45 万吨、706.87 万吨和 251.06 万吨，分别占累计粪便量的 41.0％、43.52％和 15.45％（表 4-5）。其中，生猪和牛养殖粪便量均以吉安市、赣州市和宜春市为最多，而肉禽养殖类便量排在前三位的分别是赣州市、吉安市和抚州市。

表 4-5　2014 年江西省主要畜禽粪便产生量（以年出栏量计算）　单位：万吨

地区	生猪	牛	肉禽
南昌市	72.09	29.52	27.56
景德镇市	11.74	10.38	2.98
萍乡市	28.97	7.43	5.76
九江市	44.55	12.66	10.53
新余市	18.67	26.21	2.59
鹰潭市	27.37	14.78	5.70
赣州市	129.15	151.30	58.81
吉安市	82.23	241.63	46.29
宜春市	133.67	134.70	23.75
抚州市	58.36	23.74	46.69
上饶市	59.66	54.52	20.39
全省	666.45	706.87	251.06

2. 畜禽养殖粪便污染物产生量

2014 年，江西省主要畜禽粪便污染物 COD 累计产生量为 3 076 586 吨，猪、牛、肉禽分别占 11.27％、7.13％和 81.60％；BOD 累计产生量为 666 816 吨，猪、牛、肉禽分别占 57.04％、26.01％和 16.94％；NH_4^+-N 累计产生量为 44 725 吨，猪、牛、肉禽分别占 46.26％、26.88％和 26.86％；TP 累计产生量为 44 571 吨，猪、牛、肉禽分别占 51.03％、18.72％和 30.25％；TN 累计产生量为 94 842 吨，猪、牛、肉禽分别占 41.36％、32.58％和 26.06％（表 4-6）。从各市来看，粪便污染物 COD、BOD、NH_4^+-N、TP、TN 产生量均以吉安市、赣州市和宜春市位居前三位，说明这 3 个市区粪便污染较为严重（表 4-7、表 4-8、表 4-9）。

表 4-6　2014 年江西省主要畜禽养殖粪便污染物产生量　单位：吨

动物种类	COD	BOD	NH_4^+-N	TP	TN
猪	346 818	380 373	20 690	22 745	39 224
牛	219 207	173 456	12 021	8 345	30 902
肉禽	2 510 561	112 987	12 014	13 481	24 716
累计	3 076 586	666 816	44 725	44 571	94 842

表 4-7　2014 年全省生猪养殖粪便污染物产生量　　　　单位：吨

地区	COD	BOD	NH$_4^+$-N	TP	TN
南昌市	3 7513	41 142	2 238	2 460	4 243
景德镇市	6 108	6 699	364	401	691
萍乡市	15 077	16 536	899	989	1 705
九江市	23 183	25 426	1 383	1 520	2 622
新余市	9 718	10 658	580	637	1 099
鹰潭市	14 241	15 619	850	934	1 611
赣州市	67 209	73 712	4 009	4 408	7 601
吉安市	42 791	46 931	2 553	2 806	4 840
宜春市	69 562	76 292	4 150	4 562	7 867
抚州市	30 370	33 309	1 812	1 992	3 435
上饶市	31 045	34 049	1 852	2 036	3 511
全省	346 817	380 373	20 690	22 745	39 225

表 4-8　2014 年全省牛养殖粪便污染物产生量　　　　单位：吨

地区	COD	BOD	NH$_4^+$-N	TP	TN
南昌市	9 155	7 244	502	349	1 291
景德镇市	3 218	2 546	176	122	454
萍乡市	2 304	1 823	126	88	325
九江市	3 927	3 108	215	149	554
新余市	8 127	6 431	446	309	1 146
鹰潭市	4 583	3 627	251	174	646
赣州市	46 919	37 127	2 573	1 786	6 614
吉安市	74 932	59 293	4 109	2 852	10 563
宜春市	41 772	33 054	2 291	1 590	5 889
抚州市	7 361	5 824	404	280	1 038
上饶市	16 909	13 380	927	644	2 384
全省	219 207	173 457	12 020	8 343	30 904

表 4-9　2014 年全省肉禽养殖粪便污染物产生量　　　　单位：吨

地区	COD	BOD	NH$_4^+$-N	TP	TN
南昌市	275 612	12 404	1 319	1 480	2 713
景德镇市	29 839	1 343	143	160	294
萍乡市	57 597	2 592	276	309	567
九江市	105 339	4 741	504	566	1 037
新余市	25 897	1 165	124	139	255
鹰潭市	57 050	2 567	273	306	562
赣州市	588 070	26 466	2 814	3 158	5 789
吉安市	462 857	20 831	2 215	2 485	4 557
宜春市	237 506	10 689	1 137	1 275	2 338
抚州市	466 853	21 011	2 234	2 507	4 596
上饶市	203 944	9 178	976	1 095	2 008
全省	2 510 564	112 987	12 015	13 480	24 716

（三）主要畜禽养殖污水及污染物状况

1. 畜禽养殖污水产生量

根据第一次全国污染源普查领导小组办公室给出的畜禽养殖污水污染物产生系数（表4-10），计算得出了鄱阳湖区2012年生猪和肉牛养殖污水产生量及各县（市、区）污染物产生量。

表 4-10　鄱阳湖区畜禽养殖污水污染物产生系数

动物种类	污染物指标	计量单位	产污系数
猪	尿液量	升/头·天	1.70
	COD	克/头·天	53.01
	TN	克/头·天	9.55
	TP	克/头·天	0.54
	Cu	毫克/头·天	17.16
	Zn	毫克/头·天	43.37
牛	尿液量	升/头·天	8.91
	COD	克/头·天	141.15
	TN	克/头·天	55.24
	TP	克/头·天	3.20
	Cu	毫克/头·天	0.12
	Zn	毫克/头·天	0.93

注：产污系数来源于第一次全国污染源普查领导小组办公室给出的华东区畜禽养殖专业户排污系数，其中生猪按180天出栏计算。

2014年，全省生猪、牛养殖累计产生污水量1 454.05万吨，其中生猪、牛产生污水量分别为1 100.49万吨、353.56万吨，分别占累计污水产生量的75.68%、24.32%（表4-11）。

表 4-11　2014年江西省主要养殖污水产生量（以年出栏量计算）　　单位：万吨

地区	生猪	牛
南昌市	119.03	14.77
景德镇市	19.38	5.19
萍乡市	47.84	3.72
九江市	73.56	6.33
新余市	30.84	13.11
鹰潭市	45.19	7.39
赣州市	213.26	75.68
吉安市	135.78	120.86
宜春市	220.73	67.37
抚州市	96.37	11.87
上饶市	98.51	27.27
全省	1 100.49	353.56

2. 畜禽养殖污水污染物产生量

2014 年，全省猪、牛养殖污水污染物 COD、BOD、NH_4^+-N、TP、TN 累计产生量分别为 120 253 吨、69 182 吨、27 793 吨、7 150 吨、64 566 吨，其中生猪养殖污水分别占各污染物累计产生量的 82.36%、79.56%、55.47%、80.23%、56.23%，说明污水污染物产生量主要来源于生猪养殖（表 4-12、表 4-13）。这表明畜禽养殖污染物排放量较大，也表明对其资源化、产业化利用的潜力巨大。

表 4-12　2014 年全省生猪养殖污水产生量　　　　　单位：吨

地区	COD	BOD	NH_4^+-N	TP	TN
南昌市	10 712	5 953	1 668	620	3 927
景德镇市	1 744	969	272	101	639
萍乡市	4 305	2 393	670	249	1 578
九江市	6 620	3 679	1 031	383	2 427
新余市	2 775	1 542	432	161	1 017
鹰潭市	4 067	2 260	633	236	1 491
赣州市	19 192	10 666	2 988	1 112	7 036
吉安市	12 220	6 791	1 902	708	4 480
宜春市	19 864	11 039	3 092	1 150	7 282
抚州市	8 673	4 820	1 350	502	3 179
上饶市	8 865	4 927	1 380	513	3 250
全省	99 039	55 040	15 418	5 736	36 306

表 4-13　2014 年全省牛养殖污水产生量　　　　　单位：吨

地区	COD	BOD	NH_4^+-N	TP	TN
南昌市	886	591	517	59	1 180
景德镇市	311	208	182	21	415
萍乡市	223	149	130	15	297
九江市	380	253	222	25	506
新余市	787	524	459	52	1 048
鹰潭市	444	296	259	30	591
赣州市	4 541	3 027	2 649	303	6 049
吉安市	7 251	4 834	4 230	483	9 660
宜春市	4 042	2 695	2 358	269	5 385
抚州市	712	475	416	47	949
上饶市	1 636	1 091	955	109	2 180
全省	21 214	14 142	12 375	1 414	28 260

二、畜禽养殖污染防治措施

（一）污染防治长效机制构建

江西省加强规范畜禽养殖，巩固畜禽养殖污染治理成果，引导畜禽养殖生态化、设施化、资源化，促进畜禽养殖业绿色健康发展。一是科学规划布局。合理划定禁养区，完成畜禽养殖"三区"划定，各市、县结合区域实际情况及乡村振兴和深入打好农业农村污染防治攻坚战工作需要，编制畜禽养殖污染防治规划。严格分区分类管理和源头控制，统筹考虑当地环境承载能力以及畜禽养殖污染防治要求，优化畜禽养殖空间布局，科学确定畜禽养殖品种、规模、总量，明确污染防治目标、主要任务及防治措施。二是严格执行畜禽养殖环境准入。对新建、改建、扩建畜禽养殖场，执行环境影响评价制度。按照建设申请、选址、规划设计、环境影响评价和农用地审批流程办理项目审批。明确养殖场的经营方式、养殖模式，制定畜禽场建设方案，由所在农业农村、生态环境、林业、自然资源等部门按照职责对项目进行符合性审批，并提出指导性意见，办理相关审批手续后方可开工建设。三是强化项目管理。新建、改建、扩建畜禽养殖场的污染防治工程必须与主体工程同时设计、同时施工、同时投入使用，畜禽粪污综合利用措施必须在畜禽养殖场投入运营的同时予以落实。不得擅自改变项目建设地点、建设范围、场舍布局等内容，项目施工过程中要求严格按照建设方案施工，建设完成经有关部门验收并颁发许可后方可投产，同时要严格按照批复方案开展生产。四是执行备案管理。对达到法定养殖规模标准的畜禽规模养殖场要求向县级农业农村部门申请备案，对场址、畜禽类别、规模、工艺、主要设施设备、业主简介等基本信息进行登记，并发放养殖场备案号，为养殖场身份识别码。要求畜禽养殖场定期记录养殖品种、规模以及养殖废弃物的产生、排放和综合利用情况等，报当地环保部门备案。五是信息共享，部门协同。行业管理强调部门联动，协同管理，农业农村、生态环保、林业、自然资源、水利、市场监管等部门定期互相通报备案情况，实现信息共享，及时掌握污染防治动态。各职能部门密切合作，推动落实属地管理责任制度、养殖场主体责任制度，承担部门监管责任制度，建立健全畜禽养殖废弃物处理和资源化利用绩效评价考核制度，对市、县两级政府进行年度考核，建立激励和责任追究机制。

（二）规模养殖场标准化创建

近年来，为促进畜牧业生产方式的转变，建设现代畜牧业，国家大力提倡发展标准化规模养殖，坚持把发展标准化规模养殖作为建设现代畜牧业的工作着力点。2010年出台《关于加快推进畜禽标准化规模养殖的意见》，启动全国畜禽养殖标准化示范创建活动，3年共创建3 178个国家级标准化示范场，发挥了良好的示范带动作用。2015年中央一号文件发布，畜牧业养殖重点加大对生猪、奶牛、肉牛、肉羊标准化规模养殖场（小区）建设的支持力度，实施畜禽良种工程，加快推进规模化、集约化、标准化畜禽养殖，增强畜牧业竞争力。

江西省始终坚持走标准化道路，大力发展健康养殖，提升标准化生产水平。目前，全省1 800多家畜禽养殖场获得国家生猪标准化养殖场（小区）建设及大中型沼气项目扶持，带动7 000多家养殖场开展标准化改造和实施畜禽粪污处理与利用，总投资达10.75亿元，其中中央投资5.42亿元，自筹资金5.33亿元。通过标准化及大中型沼气项目的建设实施，切实加强了规模猪场基础设施建设，改善了饲养环境和条件，提高了生猪标准化生产水平，取得了良好成效。

江西省不断探索畜禽养殖废弃物资源化利用市场机制，推动在畜禽养殖较为集中的区域，规划建设一批畜禽粪污集中处理中心和有机肥加工厂，为无法自行建设无害化处理和综合利用设施的畜禽养殖场，开展社会化畜禽粪污处理服务。以生猪养殖密集区域为重点，推广第三方治理模式，探索规模化、专业化、社会化运营机制。社会化畜禽粪污处理服务模式，吸引社会投资，引进先进畜禽粪污资源化利用技术，提高设施建设水平，带来先进管理方式，科学规范病死畜禽无害化处理，推动种养结合农牧循环发展。各地结合当地实际，编制种植业、林果业发展和农田基本建设规划时，把田间畜禽粪污储存与利用设施设备纳入设计建设内容，形成畜禽养殖场处理设施与田间利用工程相互配套的粪污处理与利用系统。在果菜茶优势区，实施有机肥替代化肥行动，打造一批绿色有机农产品生产基地。支持有机肥生产与使用，开展农民使用有机肥补贴试点。推广区域性循环农业模式，探索实现畜禽养殖废弃物生态消纳有效途径，加快绿色生态循环农业发展。学者们加快提炼总结，如杜晓丹（2021）对规模化畜禽养殖废弃物资源化利用标准开展研究，提出发展途径。社会化服务和地方探索齐头并进，为畜禽养殖场标准化建设开阔了思路，加快推动规模养殖场标准化创建。

（三）畜禽养殖小区标准化改造

养殖废水的水量、污染物质的成分、污染物浓度除了与当地的饲养方式、生产管理水平和冲洗畜舍所用的水量有关，废水水质还受到当地经济发展水平、清粪方式等多方面的影响。各养殖场生产方式和管理水平不同，废水排放量存在较大差异。目前生猪养殖场主要使用三种清粪方式：干清粪、水冲粪和水泡粪。干清粪是指使用机械或人工收集、清扫、运走畜禽粪便，尿液及冲洗水则由下水道排出。该工艺产生的废水中悬浮固体含量低、水量小，易于处理，是目前对环境影响最小的清粪方式。其缺点是劳动量大、生产率低，如果使用机械则一次性投入较大、维护费用高。水冲粪和水泡粪比较相似，主要是使用大量水冲洗棚舍。其优点是劳动强度小、劳动效率高，缺点为耗水量大、废水产量大，且污染物浓度高。不同的清粪工艺会导致废水量和水质发生变化，三种不同清粪工艺的猪场污水量和水质比较如表 4-14。

表 4-14　生猪养殖场不同清粪方式下冲洗水量及水质指标

清粪方式	冲洗水量		水质指标						
	平均每头/（升/天）	猪场/［米³/（万头·天）］	COD/（毫克/升）	BOD/（毫克/升）	NH$_4^+$-N/（毫克/升）	TP/（毫克/升）	TN/（毫克/升）	SS/（毫克/升）	pH
水冲粪	20～25	200～250	11 000～23 000	4 500～9 600	130～1 780	30～290	140～1 970	5 000～13 000	6～8
水泡粪	15～20	150～200	12 000～42 000	6 200～18 000	360～1 550	35～164	450～1 930	8 000～25 000	7～9
干清粪	6～12	90～120	2 500～5 000	1 100～2 100	230～290	20～150	320～420	1 000～3 500	6～8

以环保角度而言，干清粪可有效实现畜禽粪便的分类处理和利用。如采用干清粪分

离，用水量最少，其水质污染物负荷也较水冲粪、水泡粪低许多（表 4-14）。由于冲洗是在短时间内完成的，即与尿液相比，冲洗水流量集中且水量大。同时，可考虑进一步分离尿液和冲洗水，将分离的猪粪堆肥，尿液进入有机肥生物垫料池，只对冲洗水进行后续处理。这种方式既能降低废水中的污染物负荷浓度，使其易于处理，适宜于农村推广采用。日本多采用这种工艺，欧美等国家也已开始采用这种方式。干清粪在我国北京、天津、上海等一些地方的养殖场也已经得到广泛应用，并显示出其明显优越性。因此针对畜禽养殖发展迅速、污染排放大的特点，按照 HJ/T 81－2001 的有关规定，畜禽养殖业污染治理应改变过去的末端治理观念，首先从生产工艺上引入清洁生产的理念，强调污染物减量化，要求新建、改建、扩建的养殖场采用用水量少的干清粪工艺，已建养殖场逐步进行工艺改造实现干清粪；使固体粪污的肥效得以最大限度地保留；同时要求做到畜禽粪污日产日清。并通过建立排水系统，实现雨污分流等手段减少污染物产生和数量，降低污水中的污染物浓度，从而降低处理难度和处理成本。

第三节　江西省畜禽养殖废弃物处理与利用现状

一、畜禽养殖废弃物无害化处理

张磊等研究人员（2016）总结了江西省自 2009 年开展"爱我美好家园畜禽清洁生产行动"实施以来生猪规模养殖粪污处理和利用新工艺、新成果、新设施。刘昉等（2017）以江西庐山市为例，深入剖析畜禽养殖污染防治难点，刘兰平等（2021）以南方山区为研究对象，总结山区畜禽粪污综合治理实践，针对性提出建议。目前，畜禽养殖过程中产生的大量废水，尤其是生猪养殖业，通过对畜禽养殖废水的集中收集处理，可大大降低农业源 COD 和 NH_4^+-N 的排放量。目前常用的粪便废水集中处理工艺包括 4 个工序：预处理、厌氧生物处理、好氧生物处理、深度处理。通过预处理阶段，实现粪便及尿液的分离，并调节污水进水水质。利用厌氧微生物和部分兼性微生物的代谢作用，降解废水中的有机物，去除部分 COD，并杀灭某些病原菌。厌氧生物处理阶段对废水中 NH_4^+-N 的去除效率不高。好氧微生物利用厌氧阶段未完全降解的有机物为底物，进行有氧代谢，实现有机物向无机物的转化，进一步去除废水中的 COD 和 NH_4^+-N。为了实现畜禽养殖废水的无害化处理，消除各种致病菌的存在。深度处理工艺是必需的环节，而且通过深度处理，畜禽养殖废水在满足 GB 18596—2001 中的相关规定的同时，又可以达到不同的回用水标准，实现水资源的再利用。经过上述 4 个环节的无害化处理，畜禽养殖废水可实现达标排放。

目前，关于畜禽养殖污染处理技术政策及规范主要针对中大规模化养殖场和养殖小区，对于小型养殖场，技术成熟、经济合理的污染处理技术尚不完善。一些中小型养殖场，限于经济和技术等多重原因，并未对养殖废水进行合理处理，或处理不完全外排，对环境造成了较大污染。虽然一般都设有物理处理设施，即利用格栅、化粪池或滤网等设施进行简单的物理处理方法，但大部分中小型养殖场污水处理难以达到 GB 18596—2001 排放标准。江西省中小型畜禽养殖场占比较大，大多数采用水泡粪工艺，养殖场所产生的大量冲洗废水，部分未经妥善回收与处理而直接排放，成为农村面源污染的主要来源。

二、畜禽养殖废弃物处理与利用的"三种模式"

江西省是全国唯一的绿色有机农产品示范基地试点省，全面实行绿色食品产业"链长制"，大力推进江西绿色生态农业发展，积极开展畜牧业绿色发展行动，整体提升畜禽养殖废弃物资源化利用水平。

（1）完善粪污处理利用工作制度机制

为探索畜禽养殖粪污治理和资源化利用，江西省出台了《关于加快推进畜禽养殖废弃物处理和资源化利用的实施意见》《江西省农业生态环境保护条例》《江西省规模化养殖粪便有机肥转化补贴暂行办法》，落实沼气发电上网、生物天然气入网、沼气和生物天然气退税政策、有机肥补贴等政策。

（2）争取中央财政资金支持畜牧大县整县推进畜禽粪污资源化利用

2018—2020年，争取中央财政资金，重点支持畜牧大县整县推进畜禽粪污资源化利用，集中以下两方面内容：一是以农用有机肥和农村能源为重点，支持第三方处理主体粪污收集、贮存、处理、利用设施建设，推行专业化、市场化运行模式，促进畜禽粪污转化增值。二是支持规模养殖场特别是中小规模养殖场改进节水养殖工艺和设备，建设粪污资源化利用配套设施，按照种养匹配的原则配套粪污消纳用地，或者委托第三方进行处理，落实规模养殖场主体责任。项目县可根据中央财政奖补资金规模，结合畜禽粪污资源化利用实际情况，自主确定补助方式、对象和标准，但总体上要兼顾平衡、突出重点、集中投入。

（3）推进畜禽粪污资源化利用

江西省22个国家级生猪调出大县实现了畜禽粪污资源化利用整县推进项目全覆盖，全省已建成畜禽无害化集中处理体系建设项目31个，日处理能力为233吨。长江经济带农业面源污染治理专项有序推进。

畜禽养殖粪污资源化利用是实现农业循环的关键性控制环节。全省坚持用循环经济的理念，将种植业、养殖业、加工业相互结合，始终坚持绿色导向，抓住"源头减量、过程控制、末端利用"三个重点环节，先行先试，抓点示范，因地制宜推广畜禽标准化清洁化生产、种养结合，以及畜禽粪污有机肥转化、能源化利用等畜禽粪污治理新模式，实现了畜禽粪污"变废为宝"、多元化利用。目前，初步探索出了"三种模式"。

（一）种养结合生态循环治理模式

大力引导养殖场（户）利用畜禽粪污堆肥发酵，还田利用有机肥和沼液，有机肥和沼液主要用于农田、茶树、油茶、果树、林地、苗木、花卉等植物施肥，打通种养循环通道，不仅解决了畜禽粪污处理"臭"问题，同时也解决了果菜茶品质提升"香"的问题。打造了以南昌市新建区、进贤县、抚州市东乡区、鹰潭市余江区为代表，整县推进种养结合、生态消纳的治理模式。如上高县鼓励肥草互换，种养结合，让种植业者与养殖场互换副产品，就近转化，防止污染扩散，提高项目运作效率；通过"公司＋合作社＋农户"模式，鼓励种植户与养殖户签订订单，打通种养业协调发展通道，既解决畜牧"吃"的饲料问题，又解决"排"的粪便问题，保障种植与养殖的共同发展，实现企业、农户、耕地有机结合。

（二）畜禽粪污肥料化利用模式

开展规模化养殖粪便有机肥转化补贴试点、果菜茶有机肥替代化肥试点等，着力构建规模养殖场畜禽粪便肥料化利用模式。对从第三方购买固态有机肥、液态肥的种植户给予资金奖补，着力解决沼肥返林、返果、返田最后一公里的问题。如定南县历市镇千亩蔬菜产业基地，每年施用有机肥 2 000 吨以上，年产蔬菜 5 000 吨，年产值高达 4 000 万元，是使用化肥种植的 2～3 倍，既"变废为宝"，解决养殖污染难题，又提升种植业品质，真正实现"养殖业-能源-种植业"生态农业循环可持续发展。

（三）畜禽粪污第三方社会化服务治理模式

由养殖场与第三方治污公司签订第三方处理协议，委托第三方公司进行粪污治理，第三方治理公司负责对养殖场粪污进行全量化处理，通过"养治分离"的专业化、市场化治理，实现养殖粪污治理专业化、社会化、资源化运作模式。如定南县通过引进正合环保集团投资建设正合绿色生态循环园，打造"N2N 运营模式"，即建设大型沼气发电基地和有机肥生产推广应用基地，上连 N 家畜禽养殖场，下接 N 家种植业户。发展种养结合、循环农业。公司与全县部分规模养殖场签订粪污全量化收集处理协议，每天收集全县猪场粪污 46.3％养殖粪污总量，转运到集中处理中心进行无害化处理，生产的沼气用于发电，沼渣、沼液制成有机肥，施用于本地果蔬、油茶基地、少部分销往外地（王火根等，2018）。

三、畜禽养殖废弃物处理与利用存在的问题

（一）畜禽养殖区域划分精细度不够

江西省已先后完成了各县市的畜禽养殖区域划定。根据《江西省农业生态环境保护条例》，畜禽养殖小区分为畜禽禁养区、限养区和可养区。其中，一是在禁养区内，不得新建畜禽养殖场（小区），已经建成的，责令限期关闭或者搬迁，并依法给予补偿；二是在限养区内，严格控制畜禽养殖规模，不得新建和扩建畜禽养殖场（小区）；三是在可养区，建设畜禽养殖场（小区）应当符合当地畜禽养殖布局规划，并进行环境影响评价。同时，开展畜禽养殖污染防治工程。畜禽养殖场（小区）自行建设的粪便、废水、畜禽尸体及其他废弃物综合利用和无害化处理设施，应当与主体工程同时设计、同时施工、同时投入使用；畜禽养殖场（小区）未自行建设废弃物综合利用和无害化处理设施的，应当委托有能力的单位代为处理；自行建设畜禽养殖废弃物综合利用和无害化处理设施的畜禽养殖场（小区）或者代为处理畜禽养殖废弃物的单位，应当建立相关设施运行管理台账，载明设施运行、维护情况以及相应污染物产生、排放和综合利用等情况；排放的畜禽粪便、污水等废弃物，应当符合国家和省规定的污染物排放标准和总量控制指标。针对分散养殖户，应当对畜禽进行圈养，对畜禽粪便就地消纳；散户圈养地应当与居民集中区间隔一定距离；鼓励和支持对散养密集区畜禽粪便、污水等废弃物实行分户收集、集中处理利用。通过政策激励、资金扶持、技术指导等措施，积极引导畜禽养殖场开展了以畜禽粪污处理与利用为主要内容的标准化改造，扶持畜禽养殖废弃物综合利用。三区划分后，部分地区与实际不匹配，如限养区里分布了较多养殖企业，禁养区存在传统养殖习惯，搬迁难度大。

（二）养殖废水无害化处理成本高

近几年，在畜禽废水处理方式上，主要倡导农牧结合模式，发展可循环农业。尽管目

前有很多处理畜禽养殖废水的先进技术，但是处理成本成为畜禽废水处理的制约因素，不利于畜禽养殖业的可持续发展。就目前养殖业废水处理来说，一般常规的处理工艺为厌氧＋好氧的生物处理工艺，但出水水质难以达到相应的排放标准。如采用强制的物理化学措施强化处理，往往成本过高，主要为设施投入过大，运转费用过高。畜禽养殖业主要集中在农村地区和城郊，养殖废水分布不集中，给养殖废水的工厂化处理带来困难，加之农村经济能力有限，使用此方法变得不切实际。此外，农村地区局部示范使用规模化养殖废水处理技术具有效率低、稳定性差、维护成本高等局限性，且都为独立使用，没有合理地组合在一起，形成一个高效良性物质循环利用体系，这严重限制了江西省农村生态环境治理成效，阻碍畜禽养殖业的健康发展。

（三）养殖粪污资源化利用技术专业性强

长期以来，研究人员发现，养殖粪污资源化利用实际是专业性非常强的领域，处理不当，资源利用率低下，易造成二次污染（李红娜等，2020）。魏志强（2018）梳理我国畜禽废弃物资源化利用现状时，聚焦能源化利用，分析比较了沼气化利用关键技术。高娇（2020）则从机械方面，梳理畜禽粪污处理现状，指出资源化利用专业发展方向。养殖粪污从收集、运输、处理，到后期利用等过程，处理不当会造成较大比例养分流失，进而对大气、水体和土壤造成污染。如以 NH_3 或 N_2O 挥发方式的造成氮流失，粪污长周期堆肥产生的臭气、成本控制以及厌氧工程中沼气贮存和有效利用等方面仍存在较大提升空间。资源化利用方面，沼液周年生产而按农时运输并灌溉，长期使用养殖粪肥造成重金属和抗生素残留，也是资源化利用需要解决的技术难点。以抗生素为例，畜禽养殖业用于促进动物生长及疾病预防和治疗的抗生素，其中 $30\%\sim90\%$ 会残留在动物的粪污中，这对发展生态农业、有机农业造成障碍，也极大影响了粪污资源化利用的推进。

第四节　江西省畜禽养殖废弃物资源化利用产业发展现状

江西是生猪生产大省和调出大省，年调出生猪多年位居全国第二位。2018 年江西省肉猪出栏占全国的 4.3%，2021 年年底生猪产能恢复到 2017 年末水平，养殖污染一直阻碍生猪养殖产业发展。为此，江西积极探索畜禽养殖粪污资源化利用和污染治理相结合的有效模式，全面推进环境污染第三方治理工作，支撑畜禽粪污资源化利用产业化发展。

一、畜禽养殖废弃物资源化利用产业化发展成效

最近几年，江西省在畜禽养殖污染防治、推进粪污资源化利用方面取得了阶段性成效。2018—2019 年连续两年获评国家考核"优秀"等次，畜禽粪污综合利用率，高于全国平均水平 18 个百分点。通过实施"三区"规划、禁养区关停转产搬迁、规模养殖场标准化改造、配套建设粪污处理利用设施设备、大力推广新技术新工艺新模式等关键措施，全省畜禽养殖污染得到有效遏制，加快推进了畜禽粪污资源化利用。

（一）粪污处理利用水平不断提升

一是配套设施比例不断提高。据农业农村部直联直报平台分析，截至 2019 年年底，全省 8 056 家规模畜禽养殖场，配套建设粪污处理设施的有 7 956 家，配套率为 98.8%，

比 2018 年年底的 92.6％提高 6.2 个百分点，高出全国 74％的平均水平。二是资源化利用率显著提高。截至 2019 年年底，全省养殖漏缝地板应用面积达 200 多万米^2。据直联直报平台分析，全省畜禽粪污产生量 5 870.6 万吨，利用量 5 420.2 万吨，粪污资源化利用率达 92.3％，比 2018 年年底的 87.5％提高了 4.8 个百分点。三是病死畜禽无害化处理体系建设不断完善。截至 2020 年年底，全省共立项备案病死畜禽无害化集中处理体系项目 57 个，已建成无害化集中处理场 37 个，日处理能力达 287 吨。

（二）畜牧业发展方式不断改变

一是规模化集约程度逐步提高。全省通过发展正邦集团和双胞胎集团等本土大型畜牧企业，引进牧原集团、温氏集团、新希望集团、傲农集团等品牌畜牧企业，推进畜牧业规模化标准化进程，2019 年全省生猪规模养殖比重达到 73％，高于全国 24 个百分点。据调查，全省新建、改扩建规模猪场近万家，其中新增亿元以上大型养猪项目超过 50 家。同时按照环境保护和生物安全要求，积极淘汰低水平低产能养殖。据不完全统计，近 5 年生猪散养户减少近 50 万家。二是标准化养殖水平逐步提高。全省持续开展畜禽养殖标准化示范创建活动，同时通过整合生猪调出大县、粪污资源化利用整县推进项目资金，以非洲猪瘟防控形势倒逼，对规模养殖场，特别是已经空栏的规模养猪场，大力开展生物安全、粪污处理和资源化利用等标准化建设改造。三是畜禽养殖区域化布局逐步优化。按照生态环境部、农业农村部《关于进一步规范畜禽养殖禁养区划定和管理，促进生猪生产发展的通知》要求，开展了全省畜禽养殖禁养区划定规范调整工作。据统计，全省有 89 个县区共取消无法律法规依据划定的禁养区数量 3 195 个，面积 9 875 平方公里。

（三）资源化利用机制体制不断完善

一是组织机构逐步健全。省、市、县都成立了畜禽养殖废弃物处理和资源化利用工作领导小组，下设办公室。政府逐级下达了年度目标责任，层层传导压力。二是相关政策文件出台。2017 年 7 月，省政府出台了《关于加快推进畜禽养殖废弃物处理和资源化利用实施意见》，经省政府同意，省农业农村厅、省财政厅共同制定了《江西省规模化养殖粪便有机肥转化补贴暂行办法》。各设区市人民政府也相继出台了文件和政策。吉安市重点加大生猪养殖小区建设支持力度，在征地、用地等方面给予政策倾斜；信丰、东乡等县（区）在探索有机肥补贴政策，有机肥每吨补贴 20 元运费。三是绩效评价机制逐步完善。自 2018 年起，全省按照国家农业农村部和生态环境部共同制定的《畜禽养殖废弃物资源化利用工作考核方案》的要求，对各设区市进行绩效评估和工作考核，激励推进畜禽粪污资源化利用。

（四）资源化利用项目推进力度不断加大

一是江西省 22 个国家级生猪调出大县实现了畜禽粪污资源化利用整县推进项目全覆盖，共计完成建设栏舍设施面积 141.7 万米^2、建设粪污储存处理利用设施容积 184.7 万米^3、建设粪肥利用网管 155.5 万米、购置粪污处理利用设备 11.2 万台（套）。二是果菜茶有机肥替代化肥示范项目在南丰县、新余市渝水区、信丰县、赣州市赣县区、宜春市袁州区开展柑橘有机肥替代化肥试点，在南昌县、修水县、遂川县、铜鼓县开展茶叶有机肥替代化肥试点，目前全省共建示范面积 11.08 万亩。三是长江经济带农业面源污染治理专项要求65％的资金用于养殖粪污处理和资源化利用，目前湖口县、彭泽县、永修县、鄱阳县、贵溪市、崇仁县、赣州市赣县区等 7 个项目实施县（区）正在有序推进工作。

（五）畜禽粪污处理利用模式不断完善

一是县境全域粪污处理和资源化利用整县推进推出了"定南模式"。全县 342 家生猪养殖场与高标准绿色生态循环农业园建设有机对接，养猪业与蔬菜、果业、林业紧密结合，引进第三方粪污处理机构，推行"全量化"收集。二是区域内粪污处理资源化利用经营探索了第三方处理模式。对于养殖较为密集，而养殖场户又没有能力进行粪污处理利用的区域，推行第三方处理处理。正合环保集团全年收集渝水区罗坊乡附近 148 家猪场的猪粪 6.34 万吨，集中供气、发电、生产有机肥等（王为根等，2018）。三是养殖场粪污就地就近资源化利用的种养结合模式。江西省坚持农牧结合，各地因地制宜、因场施策，大力推广"猪-沼-果（菜、苗木、油茶、稻、草）"等模式。四是源头减量养殖新工艺。畜禽养殖粪污治理关键在减量，主要是减少污水产生量。江西省总结推广了安远双胞胎畜牧有限公司 2016 年采用"高架床＋益生菌"高床生态养殖模式，养猪节约用水 40％，几乎无污水外排；乐平市乐兴农业发展有限公司推行的异位发酵床养猪，实现了粪污"零排放"；江西五丰牧业有限公司等养殖场采取高床漏缝养殖，有效减少了废水的产生量。江西天韵农业开发股份有限公司蛋鸭笼养，切实解决了水禽养殖对水体的污染。

二、畜禽养殖废弃物资源化利用产业化发展存在的困难

近年来，结合当地实际，江西省探索了一批第三方企业开展畜禽粪污处理和资源化利用模式，如区域沼气生态循环农业发展的第三方处理模式，在一定区域内，第三方企业集中处理和资源化农业废弃物，生产沼气和有机肥，带动区域内种植、养殖、加工三位一体发展；利用废弃矿山发展生态循环农业的第三方处理模式，全县生猪养殖场与高标准绿色生态循环农业园建设有机对接，养猪业与蔬菜、果业、林业紧密结合，引进第三方粪污处理机构，推行"全量化"收集，得到农业农村部肯定。以上模式均有一定的经济收益，具有良好的推广前景，走在全国前列，2020 年，区域沼气生态循环农业发展模式、利用废弃矿山发展生态循环农业，入选国家生态文明试验区改革举措和经验做法推广清单和江西国家生态文明试验区改革举措及经验做法推广清单。其中，区域沼气生态循环农业发展模式入选省农业农村厅 2019 年主推技术之一，列入江西省绿色技术目录（2020 年版），这种模式在抚州市崇仁县等地推广。然而，畜禽粪污资源化产业化发展仍存在不少困难。

沼气工程是江西省畜禽养殖污染防治和资源化利用的重要措施。受益中央财政资助，全省沼气发展迅速。在国债项目和"以奖代补"等项目推动下，江西省农村沼气建设进入一个新的发展阶段，大中型沼气工程数量逐年增加。然而，目前江西省沼气工程发展普遍存在工程运行寿命短、原料供应不足、低中温发酵产气率低、沼液沼渣综合处理利用率不高等问题。根据南昌、萍乡、樟树、宜春、新余等地市 30 余家大型养殖场的调查显示，规模化养殖场畜禽粪便用于沼气工程处理不足 10％，沼气工程普遍进行低负荷运行。调研对象中，尚未发现周年达到设计能力满负荷运行的工程，约 20％工程勉强维持周年运行，近 80％工程冬季无法运行，有些甚至处于完全废弃状态。通过调查分析，大中型沼气工程普遍存在如下运行障碍：

（1）工程修建和运行驱动力异位，工程在环评通过后，多管理不善

现有沼气工程建设主要是基于环保压力，依靠财政补贴和行政推广，在专项资金奖励和环保压力双重政策刺激下，规模化畜禽养殖业主"热心"新工程建设。然而建设初衷主要为了应对环保检查，能够完全按相关标准修建大中型沼气工程的不多，常有不按要求安装加热系统、动力搅拌系统和启动所需辅助加热系统，缺乏后续工艺处理设备，无法综合利用沼液沼渣。此外，沼气工程多未安装电子监控设备，缺少监测数据，致使无法科学调控运行参数，工程难以保证良好运行状态。还包括设备质量普遍参差不齐、沼气运输管道廉价低质等问题，造成工程运行后维护困难。

（2）立足畜禽养殖场建设的沼气工程不利于集中供气，降低工程持续投入热情

畜禽养殖场址出于防疫及其他原因一般远离村庄，基于养殖场建设的沼气工程常位于养殖场附近，甚至场内，沼气工程如要供气到附近居民，管网太长导致配送建设成本太高；对于配有发电机组的工程，由于现有并网发电投入大，如未实现并网发电，其结果是低温季节没有余热供应，加热系统沦为摆设，发酵系统达不到适宜温度，产气量下降，沼气不足以支撑发电，如此恶性循环，周而复始。此外，沼气集中供气管理相当复杂，收费标准较低，存在安全隐患，养殖业主怕担风险，大多数沼气仅供养殖场内部使用，表现为沼气相对"过量"，业主从沼气工程经济收益低下，使企业主不愿意持续对沼气工程管理。

（3）发酵原料来源单一，造成原料"匮乏"

目前，养殖场沼气工程多设计以猪粪为原料，而猪粪经短期贮存后，多低价直接出售，进入沼气工程的实际原料以冲栏废水为主，造成发酵原料能源不足。另外，受市场周期性波动的影响，养殖企业生猪存栏数量波动幅度大，粪污量供应不稳定，又无法以其他有机废弃物替代，发酵原料得不到保障，导致产气稳定性下降，制约配送体系的安全性，难以实现大规模供气。

（4）管理意识薄弱，管理人员专业技术水平低下

大部分工程重建设轻管理，运行资金普遍投入不足，缺乏长效管理机制，只求达到环保部门检查最低要求。管理人员多为年龄偏高或文化水平偏低劳动力，培训不到位，单纯培训难以使其掌握必备的专业技能，沼气工程普遍存在技术管理不到位和非专业化操作问题，大大降低了运行效率，缩短工程寿命。

三、畜禽养殖废弃物资源化利用产业发展前景

江西省是唯一兼具国家生态文明试验区和生态产品价值实现机制国家试点的省份，肩负着探索生态优先、绿色低碳发展道路的重大使命。在新发展阶段，以"双碳"为契机推动高质量跨越式发展，助力全面建设美丽中国"江西样板"。2022年2月，中共江西省委、江西省人民政府印发《关于完整准确全面贯彻新发展理念做好碳达峰碳中和工作的实施意见》，提出到2025年，经济社会发展全面绿色转型取得新突破，绿色低碳循环发展的经济机制初步形成；到2030年，经济社会发展全面绿色转型走在全国前列。加快农业绿色发展，是深入推进产业绿色低碳循环发展重要组成，"十四五"期间，江西省要加快转变农业生产方式，推行绿色种养技术模式，大力发展循环农业。

2021年，国家出台《"十四五"循环经济发展规划》部署的三项重点任务，其中之一

就是深化农业循环经济发展，建立循环型农业生产方式。推动畜禽粪污等农林废弃物高效利用，推进农村生物质能开发利用，发挥清洁能源供应和农村生态环境治理综合效益，推行循环型农业发展模式，成为未来重点努力方向。江西省在以往工作基础上，借力"双碳"良机，加快农业废弃物资源化利用，促进农业发展提质增效，畜禽养殖废弃物资源化利用产业化发展前景广阔。

本 章 参 考 文 献

杜晓丹，朱晓春，贾向春，等，2021. 规模化畜禽养殖废弃物资源化利用标准研究［J］. 中国标准化（9）：218-221.

高娇，禹振军，熊波，等，2020. 畜禽粪污机械化处理技术应用现状研究［J］. 现代农业装备，41（3）：17-20.

李红娜，吴华山，耿兵，等，2020. 我国畜禽养殖污染防治瓶颈问题及对策建议［J］. 环境工程技术学报，10（2）：167-172.

刘昉，欧阳志华，2017. 对庐山市畜禽养殖污染防治工作的几点思考［J］. 江西畜牧兽医杂志（4）：55-57.

刘兰平，陈超，朱文有，等，2021. 南方山区畜禽粪污综合治理的实践与思考［J］. 江西畜牧兽医杂志，1（1）：7-9.

王火根，黄弋华，张彩丽，2018. 畜禽养殖废弃物资源化利用困境及治理对策——基于江西新余第三方运行模式［J］. 中国沼气，36（5）：105-111.

魏志强，黄群招，周春火，等，2018. 我国畜禽废弃物资源化利用现状及沼气化利用关键技术［J］. 江西畜牧兽医杂志（5）：1-3.

易松强，2019. 以畜禽粪污资源化利用项目为抓手持续推进江西畜牧业绿色发展［J］. 畜牧业环境（7）：38-40.

张磊，余峰，吴志坚，等，2016. 江西省生猪规模养殖粪污处理的现状与思考［J］. 江西畜牧兽医杂志（5）：10-12.

第五章 江西省畜禽养殖废弃物资源化利用及产业发展路径

江西作为传统农业大省，也是全国畜产品调出大省，其生猪养殖已经成为畜禽养殖污染的主要来源，也是农业面源污染的主要来源（王亚辉，2017），畜禽养殖废弃物的防治及综合利用路径探索成为未来发展的重要途径。

第一节 江西省畜禽养殖污染防治路径

随着畜禽养殖业的快速发展，养殖废弃物污染成为江西环境治理的一大难题。省委、省政府以创新性思维深入开展畜禽养殖废弃物污染防治工程，不断推陈出新，先后出台制度文件，通过严格规划禁养、可养、限养区缓解生态污染防治压力，着力推进标准化规模养殖和污染治理两大污染防治工程。采取有针对性的污染防治措施，不仅为畜禽养殖业的高质量发展提供重要保障，同时也为人民提供良好的生活环境。

一、严格落实"三区"规划

根据《江西省农业生态环境保护条例》，畜禽养殖区一般包括畜禽禁养区、限养区和可养区，江西省先后完成了各县市区的畜禽养殖区域划定。首先在禁养区内，不可以新建畜禽养殖场或者养殖小区，已经结束建设的，需要限期关闭经营或者迁移到另外的地点，并依法给予补偿；其次在限养区内，需要限制畜禽养殖的规模，不可以新建或者扩建畜禽养殖场或者养殖小区；最后在可养区，建设畜禽养殖场（小区）应当符合当地畜禽养殖布局规划，并且一定要进行环境影响评估。

二、推进畜禽标准化规模养殖

标准化畜禽养殖小区建设是一种过渡形式，经历了由农户散养向规模化发展的过程。我国畜牧业的生产方式在逐渐转变，从以前主要是畜禽散养到畜禽养殖小区，不仅可以更好地加快农业经营方式的转变，提高农户的组织生产能力，更好地防控动物疫病以及保障畜产品的质量安全，还能够推动先进畜牧科技的应用，改善养殖过程的生态环境以及保证现代畜牧业的持续稳定发展。随着畜牧业的快速发展，畜禽规模化养殖标准化水平也在不断提高，养殖小区这种"农户小规模、生产大群体"的饲养方式逐步成为农村畜禽规模化养殖的发展方向。

（一）创建标准化规模养殖场

作为全国畜禽养殖标准化示范创建的 12 省份之一，江西始终坚持走标准化道路，大力发展健康养殖，提升标准化生产水平。《江西省现代农业体系建设规划纲要（2012—2020 年）》提出紧紧围绕优质畜产品开发工程，以"一片两线"（赣中片和京九、浙赣沿线）为重点（汪文俊等，2017），大力实施生猪、奶牛标准化规模养殖场（小区）建设项目，严格按照《畜禽养殖场污染物排放标准》，建设畜禽养殖场。目前，全省 1 800 多家畜禽养殖场获得国家生猪标准化养殖场（小区）建设及大中型沼气项目扶持，带动 7 000 多家养殖场开展标准化改造和实施畜禽粪污处理与利用。通过标准化及大中型沼气项目的建设实施，规模猪场基础设施建设得到切实加强，饲养环境和条件进一步改善，生猪标准化生产水平不断提高，取得了良好成效。

（二）改造落后污染物处理方式

当地的饲养方式、管理生产水平以及冲洗栏舍使用的水量都会影响养殖废水的水量和污染物浓度，除上述因素外，当地的经济发展水平、技术水平以及清粪方式也会影响废水的水质。各养殖场根据自身生产方式和管理水平，采取了不同的污染物处理方式。

生产工艺要坚持清洁生产。畜禽养殖产业发展迅速，在处理污染物的过程中有必要改变以往的末端治理观念，需要在生产工艺上加入清洁生产理念，强调对污染物进行减量化处理，同时对新建、改建以及扩建三种状态的养殖场选取干清粪工艺，针对已经建设完成的养殖场进行工艺上的改造，逐步实现干清粪，让清洁生产在污染处理实践中真正得到最大化利用。

在农村推广干清粪处理。从环保角度而言，相较于水冲粪和水泡粪耗水量大、废水产量大、污染物浓度高等缺点，干清粪可有效实现畜禽粪便的分类处理和利用。干清粪分离的方式具有用水量少的特点，同时其水质污染物负荷相比于水冲粪以及水泡粪来说也低得多。适宜在农村推广采用。

建立排水系统，实现雨污分流。启动了畜禽清洁生产行动，以"五河一湖"为重点、以生猪养殖为突破口、以粪污治理为主要环节，对规模养殖场实施标准化改造。采取有效的防渗措施，推广干清粪工艺，并将产生的粪渣及时运至贮存或处理场所，实现日产日清。同时，进行雨污分流管道改造，建设沉淀池、调节池、原料分配以及土石方工程池，防止畜禽粪便污染地下水。调查显示，目前 90% 以上的规模猪场采用干清粪工艺，配合使用漏缝地板（半漏缝或全漏缝），做到干湿分离，有效减少废水产生量，节约水资源。

三、畜禽养殖污染物无害化处理

（一）畜禽废水无害化处理

根据鄱阳湖第二次科学考察，畜禽养殖场污水处理方式基本相同，主要为还林处理、还田处理、三级沉淀自然发酵处理、沉淀—沼气发酵处理、沉淀—沼气发酵—沉淀—水生植物塘处理以及粪水沉淀（水生植物塘）后直接排放养鱼处理等方式。其中生猪、肉鸡、蛋鸡、鸭的规模化养殖场的处理方式主要为三级沉淀自然发酵处理、沉淀—沼气发酵处理、沉淀—沼气发酵—沉淀—水生植物塘处理及粪水沉淀（水生植物塘）后直接排放养鱼处理等，占据了绝大部分比例；合作社养殖户和散养户主要采用还田还林和养鱼，少部分存在直排现象。

全省中小型畜禽养殖场占绝大多数，大多数采用水泡粪工艺，养殖场所产生的大量冲洗废水，部分未经妥善回收与处理而直接排放，成为农村面源污染的主要来源。近几年，鉴于中小型养殖废水污染成分复杂、处理能力有限等特点，结合养殖场经济能力的实际情况以及当地的自然环境和气候等因素，采用"生物＋生态"的技术思路对养殖废水进行无害化处理和回收利用。生物技术有效去除有机物和部分氮磷，保证出水 COD 达标；生态技术主要去除 N、P，并进一步改善处理效果，出水 COD、N、P 全面达标，将生物技术与生态工程有机结合，发挥各自的优势以实现节省成本和运行费用。

（二）病死畜禽无害化处理

全面落实无害化处理责任。根据"地方各级人民政府对本地区病死畜禽无害化处理负总责"的总体要求，落实病死畜禽无害化处理工作的属地管理责任（刘博，2021），需要一级抓一级，层层抓落实；建立区域和部门之间的联防联动机制，明确各部门职责分工，做好各项工作的保障措施，不断加强监管力量以及对随意抛弃病死畜禽等行为的排查，加大对重点区域、重点时段的排查力度和频次，依法组织做好收集、处理、溯源和报告工作；畜禽养殖场户依法建立养殖档案，详细记录畜禽发病、死亡和无害化处理情况，按要求处理病死畜禽或将病死畜禽送交无害化处理企业。有资质对病死畜禽无害化处理的相关企业有必要加强内部的清洗消毒，落实台账管理，详细记录收集、转运、处理等各环节的信息（赵瑞普，2018）。

逐步健全病死畜禽无害化处理体系。持续推进病死畜禽无害化集中处理体系建设，加快建设畜禽主产县内病死畜禽的无害化集中处理中心，引导和支持现有的县级集中处理中心带动周边的县（市、区）建设县级病死畜禽收集转运中心（站点）、病死畜禽跨区域收集、转运和处理的运行机制。在全省层面启动病死畜禽无害化集中处理体系的项目建设工作，建设过程中可以选择单点布局，也可以选择多点布局推进工作，尽可能全面建成布局合理的病死畜禽无害化处理体系，实现病死畜禽处理过程及时、清洁环保以及合理利用的目标。

落实无害化处理补助政策。按照《省财政厅　省农业厅关于印发江西省动物防疫等补助经费管理办法实施细则的通知》要求，各个地区需要积极统筹中央和省市资金，对于补助资金进行合理安排，把生猪规模养殖场同散养户独自处理的病死类生猪都囊括进财政补助范围。同时要及时鼓励有条件的地区争取地方财政支持，把牛羊等其他畜种也纳入无害化处理补助的覆盖范围当中。从 2022 年起，除了无害化处理系统无法覆盖的那些边远的、交通不便的山区外，中央和省财政对养殖环节病死畜禽无害化集中处理方式予以补助。

严厉打击随意抛弃病死畜禽等违法行为。加强相关部门之间的协作配合和执法联动，健全违法案件信息共享、案情通报、案件移送等制度，严厉打击随意抛弃、买卖、屠宰、加工病死畜禽的违法犯罪行为。通过登记备案，全面监督以及法律宣传等综合作用，全面引导相关从业人员提高守法意识，规范自身行为。

加强无害化处理场所清洗消毒。督促指导病死畜禽无害化处理场和畜禽养殖场户对无害化处理场所、运输车辆等彻底清洗消毒，消毒流程要科学规范，防止病原扩散。严格履行对污染区环境、设施设备、防护用具等一体的无害化处理，加强监督检查，实时督促整改。

全面实施无害化处理环节信息化管理。江西省畜禽无害化处理监管平台建成，已于2022年1月1日正式运行。借助信息化管理手段，进一步规范流程、严格措施、提高效能，构建分级使用、全覆盖监管、全流程操作的病死畜禽无害化处理信息化监管机制，实现全省病死畜禽收集、暂存、转运、处理等各环节的科学有效监管。信息化管理可以加强有关单位的实时沟通对接、维护管理、监控监督，同时可通过信息平台录入边远地区和交通不便地区的病死畜禽情况，为其提供适当补贴和管理监督。

四、建立防治长效机制

立足当前，着眼长远，建立畜禽养殖污染防治长效机制，编制畜禽养殖污染防治规划，严格执行畜禽养殖环境准入。对新建、改建、扩建畜禽养殖场，执行环境影响评价制度，猪常年存栏量3 000头以上、肉牛常年存栏量600头以上、奶牛常年存栏量500头以上（刘昉，2017）、家禽常年存栏量10万只以上的大型养殖场或涉及环境敏感区的养殖场需编制环境影响报告书，其他畜禽养殖场要填报环境影响登记表。

新建、改建、扩建畜禽养殖场的污染防治工程必须与主体工程同时设计、同时施工、同时投入使用，畜禽粪污综合利用措施必须在畜禽养殖场投入运营的同时予以落实。执行备案管理，对达到法定养殖规模标准的畜禽规模养殖场要求向县级农牧部门申请备案，对场址、畜禽类别、规模、工艺、主要设施设备、业主简介等基本信息进行登记，并发放养殖场备案号，作为养殖场身份识别码。同时，要求畜禽养殖场应当定期将养殖品种、规模以及养殖废弃物的产生、排放和综合利用情况等，报当地生态环境部门备案。生态环境、农业农村等部门应当定期互相通报备案情况，实现信息共享，及时掌握污染防治动态。

第二节　江西省畜禽养殖废弃物综合利用路径

近年来，江西持续加强对畜禽养殖污染的防治工作，推动畜禽废弃物综合利用，破解农业面源污染即畜禽养殖废弃物产生量大、资源化利用水平低的现状，以求实现产出高效、产品安全、资源节约、环境友好的现代畜牧业可持续发展以及强化农村生态环境保护和持续改善的重要任务（刘美霞，2021）。为推进畜禽粪污综合利用，江西坚持种养结合、持续开展畜禽养殖标准化示范创建、实施畜禽粪污资源化利用整县推进、开展绿色种养循环农业和生猪规模养殖场标准化示范建设试点等项目，并加强规模养殖场粪污治理设施建设，推进粪污减量化、无害化、资源化利用。推进病死畜禽无害化集中处理体系建设。到2025年，全省畜禽粪污综合利用率大于80%、力争达到90%，秸秆综合利用率达到95%以上。

一、绿色生态农业建设

将综合利用作为减少污染物排放的根本途径，严格区分规范化还田利用和向环境排放污染物的行为，落实"利用即减排"的基本思路。各地农业农村部门同生态环境部门制定符合各地资源环境特点的废弃物综合利用方案，实现种养结合和高水平资源化利用，确定综合利用技术模式，开展试点项目，推动绿色循环农业建设。金溪县"猪-沼-樟"生态循环农业。江西天香林业开发有限公司（简称"天香林业公司"）成立于2009年，是江西省农业产业化经营省级龙头企业。天香林业公司在金溪县合市镇车门村创办的种养基地是七大优质芳樟种植基地之一，同时也是全省"猪-沼-樟"农业循环经济示范基地，其模式对于畜禽粪便排放量较大的中小规模养殖场而言经济实惠又行之有效。该基地主要由一个现代化生猪养殖场、一个沼气工程和香芳樟种植园组成。在"猪-沼-樟"循环农业下，养殖主体定期将猪粪便运输至沼气工程，猪粪便干湿分离后经厌氧处理形成沼液、沼渣有机肥等还田还林，将沼液引入山上浇灌树木，沼气作为清洁能源补充到周边农户的家庭用能。有机肥料生产中心将沼渣、提炼后的芳樟叶，添加矿物质后，形成有机肥，也可用于芳樟生产。初加工厂对芳樟枝叶进行初加工，提取芳樟油，香料厂利用芳樟油生产终端产品。产业集群内部循环，自成体系，不仅保证了养殖场污染物零排放，而且促使产品附加值不断提高。由于全程机械化，除前期固定资产投资外，不会增加过多的人力成本，基地高效地实现了畜禽规模养殖场粪污资源化综合利用（潘心怡，2020）。

二、能源化利用

畜禽养殖废弃物通过燃烧发电实现能源化利用，电力和热力是其主要生产产品。燃烧发电作为畜禽养殖废弃物实现资源综合利用的新模式之一，其产生的灰渣仅为原料的10%左右，同时灰渣也可以作为肥料的添加剂再次进行综合利用，从而有效解决了畜禽养殖业的污染问题（张永亮等，2020）。此外畜禽养殖污水通过沼气工程实现清洁化能源。正合环保集团以N2N区域生态循环农业园模式为依托，致力于推动有机废弃物处理及资源化利用、生物质能源和有机肥生产。目前，在江西省新余市、定南县等区域建有基地。基地沼气工程项目的两座沼气发电站的顺利建成和投入使用逐步形成了推进第三方集中全量化处理的标准模式，该模式解决了县域范围内生猪粪便污水消纳处理工作，减少有害物质的排放，降低周边污染。解决养殖场病死猪的集中无害化处理难题，降低了病菌、寄生虫等传染和防止二次污染。建设规模为2万米^{3}的厌氧发酵沼气工程，发电并网规模达3兆瓦（可根据情况因地制宜供应沼气、燃气），惠及周边居民。年产固态有机肥、沼液肥，服务生态种植面积10万亩，减少化肥使用，减少土壤污染并提升地力（钟自根等，2018）。

三、肥料化循环

畜禽排泄物一直以来都是农业的优质肥源。畜禽粪便营养成分丰富含有大量的有机质和氮、磷、钾等微量元素，利用价值很高，通过物理法、化学法等方式对废弃物进行科学处理，进行生物有机肥产业化生产，解决集约化、规模化养殖业带来的问题，实现畜禽养殖业废弃物资源再利用（杨金春，2014；杜文超，2019）。

（一）制作有机肥

畜禽养殖废弃物中的主要成分是饲料消化后产生的有机废弃物，与工业污染物有本质区别。畜禽养殖排泄物历来是作为农业生产的肥源进行利用，畜禽养殖排泄物中的主要物质是农作物生长所需的营养物质，所以把畜禽养殖排泄物作为资源来看待，进行综合利用。畜禽粪通过生物技术转变为优质的商品有机肥，利用物化技术等方式，加快现有成果的推广，结合全省开展的沃土工程、耕地地力提升工程、测土配方施肥技术，将养殖业的废弃物有效地处理利用，达到了环境保护与资源利用的双赢效果；可以有效地控制病原菌和寄生虫的传播及蔓延，促进畜牧业的可持续发展，减少化肥施用量，减轻农业面源污染发生，促进农产品的优质安全生产，大力发展有机食品和绿色食品，实现农业增效，农民增收。

（二）无害化肥料还田

利用畜禽养殖污水生产清洁能源沼气时产生的沼液，其 COD、BOD、SS、总氮、氨氮、总磷含量还难以达到国家畜禽养殖业污染物排放标准的要求（潘琼，2007；刘健等，2012；杨金春，2014）。由于曝气池、氧化塘等后续处理设备成本高且耗电耗劳力占田地，很多规模养殖场很难承受后续处理条件和设施成本，但沼液中的有机物和氮磷等是农田培肥土壤和农作物生长很好的营养物质，沼液还田既能利用氮磷等营养物质和水资源，还能解决沼液出路问题。

养殖场产生的粪污只需通过简单的沼气池，经过厌氧发酵后的沼液和沼渣可直接作为种植园的果蔬肥料，每亩可以减少果蔬种植中农药和化肥成本大约 200 元，60 公顷果蔬种植园一年可节省肥料约 20 万元，扣除沼气工程运行成本 15 万元，净创造价值 5 万元。同时，由于在无公害蔬菜生长过程中施用沼渣沼液作为肥料，不仅提高土壤活性，提升蔬菜质量，还增加蔬菜单位产量，据调查果菜类单位面积产量提高 10%～20%。

第三节　畜禽养殖废弃物第三方治理路径

环境污染问题由第三方治理在发达国家污染治理领域中有较为完善的运行模式，相对于由政府主导、企业自觉治理的传统治污模式，有助于提升污染治理的规模化、专业化、精细化水平。环境污染第三方治理模式是以第三方治理为突破口，把市场机制融入环境的治理中，实行治污集约化、产权多元化、运作市场化，是引入社会资本、培育发展环境治理、壮大环保产业、推进生态保护市场化的主流模式，是畜禽养殖粪污资源化利用产业化发展有效途径。

为开展环境污染第三方治理探索，规范企业生态环境治理主体行为，江西出台了《推进环境污染第三方治理工作细则》，推动实现"谁污染、谁付费、第三方治理"的目标，提高污染治理效率和专业化水平，规定第三方治理企业按照有关法律法规和标准以及排污企业的委托要求，承担约定的污染治理责任，积极推动养殖污染治理，因地制宜探索出第三方企业开展畜禽粪污治理模式（张佩瑶等，2019），推动养殖污染治理和资源利用产业化，助力农业领域早日碳达峰碳中和，支撑全省畜禽养殖产业高质量发展。

一、第三方治理模式基础

（一）环境污染第三方治理是主要推广的治理模式

国内学者对环境污染第三方治理引入中国研究较多，对国内实践进行总结，发现诸多问题，并提出有益建议。谢海燕（2014）总结环境污染第三方治理实践发现，我国引入第三方治理时法律责任界定不清、市场准入与退出机制不健全、政策非连续性等现实问题，给第三方治污企业带来巨大风险。曹莉萍（2017）则从市场主体、绩效分配角度探讨我国环境污染第三方治理市场培育方面的问题，并分析查找原因，提出激发市场主体参与积极性、融资和绩效的可持续性等方面建议。周五七（2017）系统阐释环境污染第三方治理的理论基础和主要模式，从责任界定、进退机制、政府职能转变、市场培育、绩效评价、法律法规、配套政策等方面提出建议。

行业主管部门不断规范和鼓励环境污染第三方治理探索，2014 年，国务院办公厅出台《关于推进环境污染第三方治理的实施意见》（国办发〔2014〕69 号）推动建立排污者付费、第三方治理与排污许可证制度有机结合的污染治理新机制，引导社会资本积极参与，不断提升治理效率和专业化水平。2019 年，国家发展改革委联合生态环境部印发《关于深入推进园区环境污染第三方治理的通知》，将环境污染第三方治理模式向工业园区推行，每年从各地评审认证一批试点园区，探索引导社会资本积极参与，建立按效付费、第三方治理、政府监管、社会监督的新机制，促进第三方治理的"市场化、专业化、产业化"，整体提升园区污染治理水平和污染物排放管控水平，形成可复制、可推广的做法和成功经验。《中共中央　国务院关于全面加强生态环境保护　坚决打好污染防治攻坚战的意见》中，明确提出对从事污染防治的第三方企业比照高新技术企业实行所得税优惠政策，以推动第三方企业参与污染治理领域，作为污染治理产业化首先发展方向。

国家发展改革委印发的《关于加快推进长江经济带农业面源污染治理的指导意见》中，提出因地制宜采取就近就地还田、生产有机肥、发展沼气和生物天然气等方式，加大畜禽粪污资源化利用力度。规模养殖场要严格履行环境保护主体责任，根据土地消纳能力，自行或委托第三方进行粪污处理和资源化利用；周边土地消纳量不足的，要对固液分离后的污水进行深度处理，实现达标排放或消毒回用。支持散养密集区实行畜禽粪污分户收集、集中处理。培育壮大畜禽粪污治理专业化、社会化组织，形成收集、存储、运输、处理和综合利用全产业链。

（二）畜禽粪污第三方治理的鼓励政策

为推动第三方治理模式在畜禽粪污治理的应用，国家采取了相关鼓励政策：

一是资金支持畜牧大县开展畜禽粪污资源化利用整县推进。《全国畜禽粪污资源化利用整县推进项目工作方案（2018—2020 年）》计划三年时间，在全国 586 个畜牧大县中，通过竞争性比选，重点选择 200 个以上畜牧大县开展畜禽粪污处理和资源化利用设施建设，中央预算内投资重点支持规模养殖场（户）、畜禽粪污集中处理的社会化服务组织等第三方机构，旨在全国范围内实现畜禽粪污资源化利用、有机肥替代化肥、治理农业面源污染探索成功模式，加快构建种养结合农牧循环的可持续发展方式。

二是减免第三方治理企业税收。财政部、税务总局、国家发展改革委、生态环境部等四部门联合发布《关于从事污染防治的第三方企业所得税政策问题的公告》，自 2019 年 1 月 1 日起至 2021 年 12 月 31 日止，对符合条件的从事污染防治的第三方企业减按 15% 的税率征收企业所得税。

三是支持第三方治理企业参与排污权交易。各地建立健全排污权有偿使用制度，积极完善排污权交易试点，通过市场调节不同经济主体利益，为第三方治理企业创造利润空间。第三方治理取得的污染物减排量，计入排污单位的排污权账户，由排污单位作为排污权的交易和受益主体。支持第三方治理企业通过合同约定，合理分享排污单位排污权交易收益。

四是创新绿色金融支持第三方治理。地方设立绿色发展基金，积极引入社会资本，为第三方治理项目提供融资支持。探索引入第三方支付机制，依环境绩效付费，保障排污单位和第三方治理企业权益。依法依规在环境高风险领域建立环境污染强制责任保险制度。鼓励保险机构发挥在环境风险防范方面的积极作用，对企业开展"环保体检"，为加强环境风险监督提供支持。

五是生产有机肥补贴。国务院明确有机肥补贴优惠政策，开展畜禽粪污资源化利用试点。农业农村部印发《到2020年化肥使用量零增长行动方案》，安排资金开展畜禽粪污资源化利用试点、推进果菜茶有机肥替代化肥试点。《畜禽粪污资源化利用行动方案（2017—2020年）》要求地方政府围绕标准化规模养殖、沼气资源化利用、有机肥推广等关键环节出台扶持政策，北京、江苏、上海、浙江等省份相继出台了农民施用商品有机肥补贴政策，补贴金额每吨150～480元。

国家从总体要求、运营模式、市场培育、机制创新等方面，明确了环境污染第三方治理的基本框架和重点领域。在宏观政策支持下，各地第三方治理实践不断深入，呈现出以下主要特点：一是治理对象由面向污水、垃圾、典型污染物等环境要素治理，转向环境公用基础设施、工业园区及其重点企业等区域性、综合性治理领域。二是运行模式由PPP（政府和社会资本合作）、政府购买服务等方式为主，逐步转向鼓励排污者付费以及与排污许可制度相结合的市场化模式。三是对参与治理的环保企业的金融支持形式开拓创新，绿色信贷、绿色金融租赁、资源环境产权和治理收益权质押融资等金融产品日益多样化。四是监管执法与前置的规范化契约相匹配，2016年，国家发展改革委等四个部门以发改办环资〔2016〕2836号文规范环境污染第三方治理合同文本形式（建设运营和委托运营两种模式），为监管治理效果和明晰各方责任奠定坚实基础。

第三方治理为我国转向政府、市场、企业合作共治的环境治理模式，提供了丰富借鉴。一是"财政扶持＋社会化力量"模式，主要给予第三方治理研究基金、优惠贷款、专项补贴等多种形式的支持政策，而相对活跃的环境公益诉讼和社会化环境监测机制，又促进了第三方服务监管体系的完善。二是"协会共管＋单位自治"模式，充分发挥行业协会在资质审查、招投标和处理事业基金管理等方面的作用，将协会培育成第三方治理的重要助手，同时引导排污单位自我治理与第三方专业治理相结合。三是利用环保高标准倒逼第三方治理模式，采用更为严密的环保法规体系和更为严格的环境标准，促使企业采取第三方治理在内的专业化治理方案。

用中央财政资金重点支持畜牧大县整县推进畜禽粪污资源化利用，一是以农用有机肥和农村能源为重点，支持第三方处理主体粪污收集、贮存、处理、利用设施建设（毛岩等，2020），推行专业化、市场化运行模式，促进畜禽粪污转化增值；二是支持规模养殖场特别是中小规模养殖场改进节水养殖工艺和设备，建设粪污资源化利用配套设施，按照种养匹配的原则配套粪污消纳用地，或者委托第三方进行处理，落实规模养殖场主体责任。项目县可根据中央财政奖补资金规模，结合畜禽粪污资源化利用实际情况，自主确定补助方式、对象和标准，但总体上要兼顾平衡、突出重点、集中投入。

江西省为了提升种养结合水平，提出支持第三方处理机构和社会化服务组织发挥专业、技术优势，建立有效的市场运行机制，引导企业提供可持续的商业模式和赢利模式，构建种养循环发展机制。

（三）环境污染治理第三方责任划分

为了规范环境污染第三方治理，《关于推进环境污染第三方治理的实施意见》明确了第三方治理企业的责任、合同签订、规范运行要求：

一是明确责任边界。排污单位是污染治理主体，依法委托第三方企业开展治理服务，并依据环境服务合同履行相应责任和义务。第三方治理企业应按有关法律法规和标准及合同要求，承担相应的法律责任和合同约定的责任。第三方治理企业如弄虚作假，对造成的环境污染和生态破坏负有责任的，除依照有关法律法规规定予以处罚外，还应当与造成环境污染和生态破坏的其他责任者承担连带责任。在环境污染治理公共设施和工业园区污染治理领域，政府作为第三方治理委托方时，因排污单位违反相关法律或合同规定导致环境污染，政府可依据相关法律或合同规定向排污单位追责。

二是明确服务合同的签订和执行具体要求。政府或排污单位与第三方治理企业依据相关法律法规，参考2016年国家发展改革委、环境保护部等部委联合印发的《环境污染第三方治理合同（示范文本）》签订环境服务合同，明确委托事项、治理边界、责任义务、相互监督制约措施及双方履行责任所需条件，并设立违约责任追究、仲裁调解及赔偿补偿机制。政府或排污单位可委托各方共同认可的环境检测机构对治理效果进行评估，作为合同约定的治理费用的支付依据。

三是规范污染治理设施运行。排污单位与第三方治理企业应确保环保设施的正常运行，不得无故停运。因改造、更新、维护、维修环保设施或其他特殊情况需暂停环保设施运行的，第三方治理企业应按照合同约定向排污单位报告。第三方治理企业应按照合同约定建立台账记录，记录环保设施运行和维护情况、在线监测数据等能够反映环保设施运行情况的必要材料。

二、第三方治理模式意愿

严玉平等（2020）于2019年7月初至10月底，选择了江西省11个设区市的75个县（市、区），基本覆盖江西省主要生猪养殖县（市、区），调查江西省养殖场采用第三方治理模式的意愿。结果表明：在环保要求越来越严情况下，养殖场对粪污处理普遍压力较大，38.0%大型养殖场对粪污处理压力感受特别大；同时，养殖场对粪污处理压力与粪污处理后达标排放实际情况不符，这反映环保监管依然存在较大漏洞。养殖场将粪污委托第三方治理的意愿要高于不委托第三方治理的意愿。江西省各类养殖场大都感受到较大环保压力，表现程度不同，养殖污染处理专业技术力量弱，处理效果达标率不高，尤其是中小型养殖场普遍存在委托处理污染的意愿；然而仍有超过四分之一的养殖场没有考虑委托第三方治理。出现成本和收益倒挂的养殖场，对第三方治理持积极态度。粪污收付费意见比较一致，体现在有收益可资源化利用的猪粪给第三方时要收费，在没有经济收益时污水处理愿意付费，收付费各不相同。在中小型养殖场中，没有核算粪污处理成本和收益的养殖场，对第三方治理持消极态度，甚至担心增加成本而选择不考虑第三方治理。同样存在部分养殖场感觉到较大的环保压力，同时自身处理效果不佳，仍然不需要第三方治理模式。

三、第三方治理模式类型

基于生猪养殖相对较集中，以中小规模养殖为主，为有效治理畜禽养殖污染，江西省探索第三方企业开展畜禽粪污处理和资源化利用模式，以畜禽粪污资源化利用整县推进项目为抓手，配套建设畜禽粪污储存处理利用设施设备（孙瑞銮，2022），畜禽粪污综合利用水平显著提高。江西结合实际探索了一批第三方企业开展畜禽粪污处理和资源化利用模式，将生猪养殖场与高标准绿色生态循环农业园建设有机对接的"全量化"收集、以"集中化"处理的"种养结合"模式和从源头开展的"创新化"减量，这种做法取得了一定的经济收益，具有良好的推广前景，走在全国前列。

（一）第三方"全量化"收集

赣州市定南县规模化养殖场实行第三方全量化收集，全县342家生猪养殖场与高标准绿色生态循环农业园建设有机对接，养猪业与蔬菜、果业、林业紧密结合，引进第三方粪污处理机构，推行"全量化"收集，将全量化收集的粪污先通过预处理，将合格后的粪污进行 CSTR 厌氧发酵，产生的沼气输送到储气装置中。沼渣经好氧堆肥制成有机肥，在病死猪处理方式上，实行的是每个养殖场自行处理。每年资源化利用养殖粪污 40 万吨，年生产沼气发电 2 000 万度，年产固体有机物 4 万吨、液态肥 30 万吨，主要用于县域内 17.3 万亩油茶、果业、蔬菜、水稻，1 500 亩废旧稀土矿山种植皇竹草（牧草饲养牛羊和沼气原料）得以修复等，得到农业农村部的肯定。

（二）第三方"集中化"处理

"N2N"生态循环农业模式是以农业废弃物资源化利用中心和有机肥生产中心为核心，整合上游 N 家养殖企业和下游 N 家种植企业，通过第三方治理养殖场粪污以就地就近资源化利用的种养结合模式。坚持农牧结合，各地因地制宜、因场施策，大力推广"猪-沼-果（菜、苗木、油茶、稻、草）"等模式，其环保效益主要体现在区域范围内养殖场粪污及病死猪治理上。

新余市罗坊镇打造"N2N"区域生态循环农业园项目采用区域第三方治理，在罗坊镇建设大型沼气集中供气站，实行企业化专业运营，整合产业链上游畜禽规模养殖场的粪污资源，向产业链下游种植业生产经营组织提供商品有机肥，全天候集中供气，促进了种养结合。沼气站定时安排专用运输车到养猪场收集，输送到原料罐里进行两次厌氧发酵，产生沼气，使猪粪尿变废为宝，实现了规模养殖污染物的资源化。最后，沼渣沼液又作为优质的有机肥通过专门管道送到基地试验田以及制作有机肥料出售。至此，沼气站实现了对养猪场废弃物的完整处理和循环利用。区域内粪污处理资源化利用经营也探索了第三方处理模式。对于养殖较为密集，而养殖场户又没有能力进行粪污处理利用的区域，推行第三方处理。在一定区域内，第三方企业每年集中处理和资源化利用周围 30 千米范围养殖场及农业废弃物（数据根据养殖情况动态变化），生产沼气直供周边居民作为生活燃料，同时并网发电，带动区域内种植、养殖、加工三位一体发展。

（三）第三方"创新化"减量

从源头减量养殖新工艺。畜禽养殖粪污治理关键在减量，主要是减少污水产生量。总结推广了安远双胞胎畜牧有限公司 2016 年采用"高架床＋益生菌"高床生态养殖模式，养猪节约用水 40％，几乎无污水外排；乐平市乐兴农业发展有限公司推行的异位发酵床养猪，实现了粪污"零排放"；江西五丰牧业有限公司等养殖场采取高床漏缝养殖，有效减少了废水的产生量；江西天韵农业开发股份有限公司蛋鸭笼养，切实解决了水禽养殖对水体的污染。

本 章 参 考 文 献

编辑部，2016. 畜禽养殖粪污处理与综合利用技术模式：一［J］. 中国畜牧业（1）：46-49.

曹莉萍，2017. 市场主体、绩效分配与环境污染第三方治理方式［J］. 改革（10）：95-104.

杜文超，2009. 江西安义畜禽养殖业废弃物综合利用介绍［J］. 江西能源（3）：22-24.

刘博，成建，王腾威，2021. 夏季高温汛期动物防疫工作存在问题及建议［J］. 畜牧业环境（1）：72.

刘昉，欧阳志华，2017. 对庐山市畜禽养殖污染防治工作的几点思考［J］. 江西畜牧兽医杂志（4）：
    55-57.

刘健，刘仕琦，陈芸，等，2012. 畜禽养殖废弃物的综合利用技术［J］. 中国畜禽种业，8（6）：31-32.

刘美霞，2021. 规模化畜牧养殖对生态环境的破坏及防治［J］. 畜禽业，32（2）：65-66.

毛岩，王帮高，2020. 现代农机挺起莱州乡村振兴不屈的脊梁［J］. 当代农机（1）：18-20.

潘心怡，2020. 江西省畜禽粪污资源化利用模式绩效比较研究［D］. 南昌：江西农业大学.

潘琼，2007. 畜禽养殖废弃物的综合利用技术［J］. 畜牧兽医杂志（2）：49-51.

孙瑞銮，2022. 蕉城区畜禽粪污资源化利用现状问题与对策［J］. 福建畜牧兽医，44（1）：61-62.

王亚辉，2017. 两会代表委员热议畜牧业结构调整和转型升级［J］. 中国猪业 12（3）：6-12.

汪文俊，冯彦娟，郭宁，等，2017. 江西省绿色食品发展现状研究［J］. 南方农机，48（21）：75-
    76，82.

谢海燕，2014. 环境污染第三方治理实践及建议［J］. 宏观经济管理（12）：61-62.

严玉平，罗斌华，2020. 规模化生猪养殖场粪污第三方治理意愿研究：基于江西省调查［J］. 江西农业
    学报，32（9）：127-133.

杨金春，2014. 畜禽养殖废弃物的综合利用技术［J］. 当代畜禽养殖业（11）：21-22.

张佩瑶，刘伟，2019. 引入第三方机构强化区域工业污染监管的思考：2019 中国环境科学学会科学技术
    年会论文集 第一卷［C］. 中国陕西西安，206-210.

张永亮，付建兴，陈烨强，2020. 畜禽养殖废弃物燃烧发电综合利用新模式［J］. 中国资源综合利用，38
    （11）：83-85.

赵瑞善，2018. 关于对临泽县动物卫生监督工作的思考［J］. 江西农业（10）：58.

钟自根，刘进法，2018. 新余市探索农业废弃物资源化利用新模式［J］. 江西农业（15）：63.

周五七，2017. 中国环境污染第三方治理形成逻辑与困境突破［J］. 现代经济探讨（1）：33-37.

第六章　江西省畜禽养殖废弃物资源化利用及产业发展案例

第一节　新余"N2N"模式实践

一、"N2N"模式创建的背景

江西省从 20 世纪 90 年代末开始,以户用沼气为纽带,探索形成南方"猪-沼-果"生态农业模式,取得显著成效,被农业农村部确定为重点推广的三大生态农业模式之一。但是随着农业生产和农村生活发生巨大变化,基于沼气技术的生态农业发展也面临一些问题。为了解决区域农业有机废弃物污染问题,优化改善农村能源结构,江西省以规模沼气工程为纽带,构建"三大区域循环"(县域大循环、园区中循环、主体小循环)产业体系,打造升级版南方"猪-沼-果"区域沼气生态循环农业模式——南方"N2N"区域沼气生态循环农业模式(王火根等,2018)。该模式基于以下三个方面的需要而创建。

(一)实现"双碳"目标的需要

江西是我国南方重要的畜禽生产基地,是我国主要的供港生猪产地,畜禽养殖在全省农业生产中占有重要的地位。长期以来,南方地区典型农业废弃物资源化利用技术水平及装备落后,部分农业废弃物未能得到有效利用和科学处理。尤其是集约化养殖场产生的畜禽粪污超过农田自身消纳能力,这不但浪费了大量农业废弃物资源,而且容易造成严重的农业农村生态环境污染。

2030 年前实现碳排放达峰、2060 年前实现碳中和,农业减排固碳既是重要举措,也是潜力所在。畜牧业减排降碳是国家提出的农业农村减排固碳重点任务,就是通过提升畜禽养殖粪污资源化利用水平,减少畜禽粪污管理的甲烷和氧化亚氮排放,降低农业生产温室气体排放强度,实施减污降碳,促进我国按期实现"双碳"目标。

(二)推动能源变革的需要

沼气是以畜禽粪污、农作物秸秆、餐厨垃圾、农副产品加工废水等各类城乡有机废弃物为原料,经厌氧发酵后产生的。近几十年以来,沼气一直是农村能源的有效补充。随着社会生活和经济生产发展逐步转型,沼气利用逐渐形成多元化格局。沼气可做炊事能源、发电并网、经净化提纯后成为高品质生物天然气等。

农业农村部、国家发展改革委印发的《农业农村减排固碳实施方案》中将发展可再生能源替代作为六大重点任务之一,明确提出要因地制宜发展农村沼气,鼓励有条件地区建设规模化沼气/生物天然气工程，推进沼气集中供气供热、发电上网，及生物天然气车用或并入燃气管网等应用，替代化石能源。

（三）促进循环农业的需要

生态循环农业是将农业生态建设与农业经济发展有机结合，运用现代科技理念，通过科学技术手段，促进资源价值产业链不断延伸，使现有资源得到充分循环利用的新型农业经济发展模式。其经济流程集种植、养殖、环保为一体，具有经济结构合理、经营成本低、资源充分利用、效益显著、无环境污染、保障生态平衡等特点。

发展循环经济是我国经济社会发展的一项重大战略。国家发展改革委发布的《"十四五"循环经济发展规划》中明确指出深化农业循环经济发展，建立循环型农业生产方式，是发展循环经济的重要内容。推动农作物秸秆、畜禽粪污等农林废弃物高效资源化利用，加强畜禽粪污处理设施建设，鼓励种养结合，促进农用有机肥就地就近还田利用，对深入推进循环经济发展意义重大。

二、"N2N"模式介绍

传统"猪-沼-果"模式已不再适应现在规模化农业发展新形势，在集约化、现代化和智能化的今天，探索"种养-能源-生态"农业循环经济新模式意义重大。新型生态农业循环模式可以解决农业废弃物无害化处理，可以回收利用沼气能源，可以将发酵产生的沼液和沼渣转化为有机肥，可以促进绿色农业发展。是充分合理利用资源、保护生态环境的重大举措，有助于恢复和创造良好的生态环境。现代农业园区的建设，融入了"绿色、生态、循环、品牌"元素，主要有助于实现以下几个目标：一是节能减排。实现农业废弃物的资源化利用，所产生的沼气是一种可再生能源，可替代煤炭和液化气等，还可减少温室气体的排放，同时减少污染物排放。二是绿色生产。规范使用化肥、农药、兽药、饲料及其添加剂，推广应用测土配方施肥、病虫害绿色防治等技术，推广有机肥的使用，减少化肥农药使用。三是品牌农业。规范养殖业和种植业，监控全产业链过程，实现质量与安全可追溯，引入市场手段，创建高端有机品牌。四是农业内部循环。在农业生产经营各个环节上，节约资源，减少废弃物的产生，利用农业循环高新技术对农业生产流程、产品在闭环模式下生产经营。五是改善环境。将农业清洁生产与废弃物资源化利用有机结合，倡导一种与环境和谐发展的新型农业经济模式，改善农业环境。"N2N"生态循环农业模式满足现代化生态农业发展需要，依照循环经济原理，很好地实现了上述目标。下面从模式概念工艺路线和模式延伸等几方面做详细介绍。

（一）"N2N"生态循环农业模式的概念

"N2N"生态循环农业模式指在一定区域（县域）范围内，以生态学和经济学原理为指导，以农业废弃物资源化利用中心和有机肥生产中心为核心，整合上游 N 家养殖企业和下游 N 家种植企业，通过第三方治理解决养殖场的粪污、病死畜禽处理难题，利用现代农业技术和有机肥料等的使用，有效减少化肥和农药使用，解决农田土壤质量下降，恢复种植生态体系，提高农产品质量的一个多目标、多功能、多成分、多层次的新型农业生态体系。该模式可根据需求增加智能监控，大力推进有机农产品物流商贸平台建设，促进农业转型升级。

（二）"N2N"生态循环农业模式介绍

"N2N"生态循环农业模式主要以农业废弃物无害化处理和有机肥生产为核心，带动养殖和种植各产业链的无缝衔接，达到"同增"目的。将区域作为一个系统，构建以下三个子系统。

1. 第一个"N"是指养殖业子系统

特定区域内"N"家养殖场产生的粪污和病死畜禽，全量化收集运输至第三方处理中心进行无害化处理和资源化利用。要求规模养殖场进行标准化栏舍建设，做到雨污分流、干湿分离；建设干清粪收集平台和病死畜禽冷藏库；养殖场使用符合国家标准的饲料和兽药，推广绿色生产技术，采用清洁化生产，减少污水排放，处理中心对达到合作要求的养殖企业所产生的养殖废弃物进行处理。养殖场无须投入大量资金建设养殖废弃物无害化处理设施，专心养殖即可。突出专业人做专业事的原则，实现养殖企业和第三方处理企业利益共赢，也为促进养殖业大力发展解决后顾之忧。

2. 中间的"2"是指农业废弃物无害化处理中心（大型沼气工程）和有机肥生产中心

根据养殖企业、种植种类特点，建设农业废弃物处理中心和有机肥生产中心。农业废弃物处理中心是收集养殖场的粪污及病死畜禽，结合区域内农业生产中产生的各类有机废弃物，经厌氧发酵后产生沼气，沼气用来发电或者净化提纯成生物天然气。同时，产生沼渣沼液在有机肥生产中心，根据作物及生长周期营养需要，生产特定用途的有机肥，以沼液为主要原料生产的液态有机肥通过运用水肥一体化技术供周边种植户施用；以沼渣为主料，辅以秸秆、菌渣等农业有机废弃物深加工制成固态商品有机肥销售到更远距离，带动区域内外生态农业发展。

3. 第二个"N"是指种植业子系统

绿色生态农业也成为我国当前农业发展的主导方向，对国民经济和公众需求具有重要的战略地位和现实意义，绿色生态也将发展成一个潜力巨大的高端产业；绿色生态产业要获得更大的发展，需要大力使用有机肥料，替代减少化肥的施用和农药的使用。有机肥生产中心生产的有机肥全部施用在区域内外"N"家种植园，第三方需要整合区域内各龙头企业和合作社，共同推进标准化生产、全程监控，建立可追溯系统，积极保障食品质量和食品安全，从而打造出绿色食品品牌。

（三）"N2N"生态循环农业模式运作内涵

采用"企业联盟、产业联合、产品联营"的方式，以县域为单位整县推进，推动生态产业化，实现县域农业大循环，构建"N2N"生态循环农业园模式，具体来说就是"两个中心、一个平台、四大体系、五大产业"的农业综合服务体模式。"两个中心"分别为农业废弃物处理中心和有机肥生产中心，"一个平台"指物联网为基础的智慧农业平台，"四个体系"分别为政策保障体系、废弃物收储运体系、田间消纳体系（有机肥配送体系）和商贸物流体系，"五大产业"包括生态养殖、生态种植、能源环保、农产品加工和生态休闲农业。如图 6-1 所示：

"N2N"生态循环农业模式三个特点：

一是以能源环保为龙头。在大力发展养殖业，稳定肉制品供应的背景下，提供健康肉制品不影响周边环境，是政府的要求，更是百姓的需求。秉持专业人干专业事的原则，以

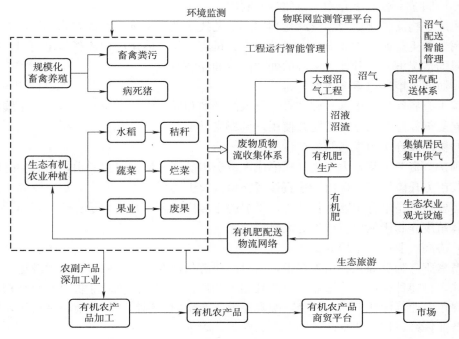

图 6-1　"N2N"生态循环农业模式

生态环保为枢纽，大力发展生态养殖业和生态种植业，创新商业模式和技术，协调政府、企业和农户的多重关系，打造开放的种养循环，构建和谐绿色的生态园区，是"N2N"生态循环农业必要之路。

二是种养联动为基础。"N2N"生态循环农业模式的核心是养殖业和种植业，通过将能源环保项目联动起来，构建平衡体系，实现种养联动发展、生态有序。了解区域范围内种植和养殖情况，核算区域养殖粪污土地承载力和种植综合养分需求，要求按"填平补齐"原则重新规划调整区域内种养结构，推动区域范围内养殖场按照生态养殖标准场进行生态化改造，引导养殖户实现现代化养殖、清洁化生产和标准化管理，总量控制养殖场对外部环境的污染。同时，向农户推广绿色种植技术和推行特色种植，鼓励施用有机肥和生物农药，修复受污染耕地，提升农产品产地环境，推进生态农业发展。

三是商贸旅游是增值。"N2N"生态循环农业模式是一个闭合的生态循环产业链，对外界提供的产品主要是农畜产品和服务，实现农畜产品的优质优价是园区发展的关键。建立农畜产品追溯体系，树立品牌战略，推行农村电商；建立农产品加工区，实现农畜产品的价值增值；建立冷库和物流区，延长水果和蔬菜的保鲜期，减少种植过程中的不必要损失；还可在园区中规划生态休闲观光游，引导城镇居民到生态园区旅游，可以在科普教育、生态体验和休闲采摘等方面建设生态农庄和游乐场所，结合生态循环农业开展生态旅游。

（四）模式延伸

"N2N"生态循环农业模式更多的是一个生态园区发展平台，可以延伸非常多的丰富内涵，对接诸多产业。

（1）协同城乡有机废弃物一体化综合利用

有机废弃物无害化处理和资源化利用在工艺技术及利用方向上都大同小异，大部分设施可通用。新生态循环农业模式可联动城乡有机废弃物一体化处理和资源化利用，在投入增加有限的情况下，提升处理中心的处理能力和经济效益。

（2）协同土壤耕地重金属修复

土壤重金属往往有土壤本底带有、投入品增加和灌溉水污染等几种途径，土壤耕地的重金属修复剂往往是和有机肥配合使用，调配支撑土壤调理。

（3）协同废弃矿山生态修复

我国矿产资源丰富，大规模开采形成大量退出矿区、历史遗留矿山，引起生态环境问题，尤其南方丘陵地带，矿山开采直接清除植被及土壤后，水土流失严重。废弃矿山生态修复，首要任务是培育生物生长环境，受损的土壤修复需要补充大量氮磷等营养元素，正好消纳养殖废弃物厌氧发酵产生的大量沼液。

（4）协同农业产业结构调整

以畜禽废弃物资源化利用为纽带，通过产业链条延伸、产业融合、技术渗透、体制创新等方式，打通种植业、养殖业、农产品加工业隔离，调整优化农业种植养殖结构，发展高效、绿色农业，深化农产品品牌，配套建设农产品加工制作仓储智能管理市场，推动现代农业产业体系，构建"全产业链"发展模式。

（5）协同生物天然气的利用

大力发展新能源是实现"双碳"目标的重要举措，能源化是畜禽养殖废弃物资源化利用的主要方式，当前主流为并网发电。规模化沼气可与生物天然气工程衔接，将沼气净化提纯压缩，可实现长距离运输，并广泛应用于交通、生产生活。

三、"N2N"模式的新余实践

（一）基本情况

2013年，正合环保集团开始在渝水区探索和实践畜禽粪污第三方集中处理的新模式，投资建设罗坊沼气站，建成大型沼气工程。其中病死猪无害化处理车间1座，小型有机肥生产车间1座。实现了向罗坊镇集镇居民供应沼气燃气。2016年，公司在渝水区南英垦殖场建设沼气发电项目，建成发酵容积达2万米^{3}的沼气工程，建成有机肥生产车间1座，建设发电站1座。

项目主要采取整县推进畜禽粪污第三方全量化集中处理模式，即以农业废弃物处理和有机肥生产为中心，建设大型沼气工程供气站或发电站、病死猪无害化处理厂、有机肥生产厂，全量化收集处理周边30千米半径范围内所有猪场和种植地的有机废弃物，包括养殖粪污及病死猪、秸秆等，经过处理，产生"三沼"，沼气用于供燃气、发电，腐熟的沼渣用于生产固态有机肥、菌肥，沼液用于生产液态有机肥，带动周边种植户用有机肥替代化肥、合理施用有机肥，还肥于田，形成区域绿色生态循环。

（二）粪污收集处理、利用流程和关键技术

1. 流程

粪污第三方全量化处理流程主要包括6个步骤（彩图6-1）：

①公司从已签订合同的种植或养殖场全量化收集粪污、病死猪、秸秆等一切农业有机废弃物进沼气站。

②进站的废弃物经过"农业废弃物处理中心"的沼气工程和病死猪无害处理车间的处理，产生"三沼"，病死猪无害化处理后生成氨基酸原液等原料可用于生产有机肥。

③沼气可经输送管道设施供给居民用气。

④沼气可经沼气发电站，生产电力并网发电。

⑤沼渣进入"有机肥生产中心"用于生产有机肥。

⑥沼液用于水肥一体化，喷施于农田、果园、林地及其他经济作物基地，定向供给已签订合同的种植户。

2. 关键处理装备和相关技术

（1）养殖场生态化改造

养殖场生态化改造后，需具备的条件：养殖场需要有粪污收集池和雨水分流设施；猪场采用高床养殖，有漏缝板清粪；减少用水，提升粪污浓度；饲养过程中，使用安全的投入品，不含危害物质。

配备设施：粪污收集池及搅拌泵；雨水分流设施；高床设施。生态化改造后可实现粪污源头减量化，利于贮运和沼气生产。

（2）收储运体系

围绕农业废弃物处理中心，建设农村有机废弃物收储运体系，收集可用于厌氧发酵的生物质废物，主要包括：规模化畜禽养殖场产生的畜禽粪便及病死猪、水稻种植产生的水稻秸秆等。根据原料特征配备特殊的原料收集储运车，合理建设厌氧发酵原料贮存转运场，确保大型沼气站厌氧发酵原料的稳定供应。配备收集粪污、病死猪等农业废弃物运输车辆。

（3）沼气工程工艺技术和标准

沼气生产采用的主要技术有：高浓度全混合式沼气发酵工艺（即CSTR）技术；秸秆水解酸化-纤维素水解技术；沼气净化技术，生物脱硫和化学脱硫；落地式储气膜相关技术。

配备设施设备：原料预处理及进料系统；CSTR厌氧发酵罐；配套的出料系统；配套的固液分离系统，化学精脱硫、生物脱硫系统；沼气储存、净化、利用系统。执行《大中型沼气工程技术规范》（GB/T 51063—2014）。

（4）固态有机肥生产技术和标准

配备的设施设备：有机肥发酵堆肥场和有机肥生产线。执行的相关标准有：NY/T 525—2021、NY 884—2012、NY/T 798—2015、NY 1429—2010、GB 20287—2006。

（5）沼气发电技术和标准

配备的设施和设备：成套沼气预处理设备和发电设备。采用国内外成熟的热电联产发电机组，发电机组要求具有机械强度高、高效、耐久、性能可靠及热效率、热利用率高等特点，达到并网发电的要求。

（6）沼气供气系统

因地制宜，就近建设输送管道，定向向居民供气。引用天然气相关公司的技术，使沼气管网能够安全、稳定地运行。

（7）沼液肥施用技术

一方面，第三方集中处理企业建设生态农业示范田，探索和实践沼肥施用方法，带动种植户使用沼肥。另一方面，种植户根据种植面积、种植品种和施用需求，可选择在田间建设一定规模的沼液贮存池和喷灌设施。

（三）长效运行机制

①当地政府积极推动养殖场进行生态化改造，改善生态环境条件，实现粪污源头减量化（粪污 TS≥6％），达到畜禽粪污第三方集中处理的基本要求。

②当地周边养殖场自愿与第三方处理企业签订收集处理粪污的合同，共同推进"第三方集中全量化处理"模式实施，明确粪污处理责任和收费事项，按谁受益谁付费的原则，养殖企业付给第三方企业 10 元/吨的处理费用。

③建设粪污收贮运体系，合理布局运输区域和线路，降低成本，提高效率。由于采取"第三方集中全量化处理"模式，第三方集中处理企业要从猪场收集废弃物运回处理中心。粪污运输方式主要用吸污车，病死猪用带有密封式车厢的车辆，在整个运输过程中保证不产生二次污染。在运输管理上，可以采取三种形式：一是公司自有车队运输；二是运输合作社提供车辆运输；三是养殖户自身专用粪污运输车辆自送到处理中心。

④通过第三方企业的农业废弃物处理中心和有机肥生产中心，实现资源转化利用。通过供气，发电，生产有机肥、沼液肥，建设科技产品中试基地，建设生态示范园区，来实现多种渠道收益，保障企业经济效益。

⑤当地政府和社会化服务组织积极引导种植户进行沼液肥综合利用，建设田间贮存沼液设施和喷灌设施。第三方企业与种植户签订合同定向供给沼液肥，实现还肥于田。

第二节　定南县域模式实践

一、赣州锐源生物科技有限公司实践

（一）基本情况

1. 区域概况

定南县是国家级农产品质量安全示范县、生猪调出大县、瘦肉型商品猪供应基地县、供港生猪质量安全示范县，年出栏优质生猪 60 万头。2017 年，在定南县政府的引导和大力支持下，赣州锐源生物科技有限公司（以下简称"锐源公司"）按照"政府支持，企业主体，市场化运作"的原则，在当地开展整县推进养殖废弃物第三方集中处理，建设生态农业示范园。

2. 依托主体

锐源公司位于赣州市定南县岭北镇，主要从事畜禽粪污治理、秸秆资源化利用、土壤修复与改良、有机肥生产和销售、蚯蚓养殖和销售、蔬菜瓜果种植和销售、新能源技术研发及能源农场的开发经营等。

2017 年，锐源公司在定南岭北投资建设生态农业示范园项目，项目总投资 1.98 亿元，采取畜禽粪污第三方集中全量化处理＋生态能源农场模式（"N2N＋"模式）（彩

图 6-2），以大型沼气工程和有机肥生产为核心，联动上下游养殖、种植企业，实现畜禽粪污等农业有机废弃物资源化利用，打造区域绿色生态循环农业。示范园区以沼气工程和有机肥生产为核心，以畜禽养殖场污染治理、生态环境修复和农业废弃物资源化利用为重点，以沼气发电和有机肥为核心纽带，结合能源生态农场和绿色生态果蔬农场示范建设，实现定南县区域范围内畜禽养殖业粪污得到处理、污染农田得到修复，探索一条生态养殖、清洁能源、生态种植的农业循环经济新模式。锐源公司定南沼气发电站于 2017 年 2 月开工建设，2018 年 3 月项目一期工程建成并投产运营，2018 年 7 月 7 日点火发电。

3. 处理规模

锐源公司建设农业废弃物无害化处理中心和有机肥生产中心，形成第三方企业畜禽粪污资源化利用核心平台，创立了整县推进养殖废弃物第三方集中全量化处理＋生态能源农场模式（"N2N＋"模式）。该模式运行实现：①解决县域范围内年出栏 60 万头生猪粪污的处理。②年可处理粪污（TS≥6％）40 万吨，年可发电 2 000 万千瓦时。③年产固态有机肥 3 万吨，年产沼液肥 38 万吨。④可服务生态种植面积 10 万亩，每年减少化肥使用量 1 万吨。⑤建设生态能源农场，拟推广至 5 000 亩以上，用农业生产的方式修复废弃稀土矿。⑥开展耕地质量保护与提升促进化肥减量增效。

（二）运营机制

养殖废弃物第三方集中全量化处理＋生态能源农场模式（"N2N＋"模式）是以县域为范围，坚持"政府引导，企业主导，市场运作"原则，以农业废弃物处理中心及有机肥中心，全量化收集处理上游"N"家养殖企业产生的粪污及病死猪，连动下游"N"家种植园区和废弃稀土矿区，构建区域绿色生态循环农业园区。

"N2N"模式运行流程（图 6-2）：

①公司从已签订合同的养殖场全量化收集粪污、病死猪，及种植户秸秆等农业有机废弃物进沼气站。

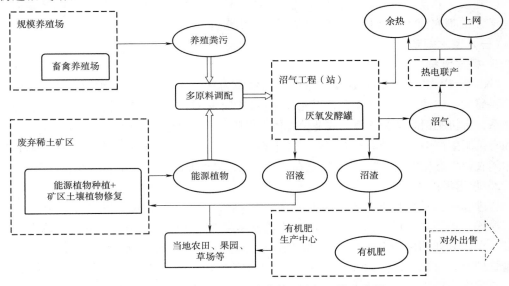

图 6-2　"N2N＋"（＋生态能源农场）模式流程

②进站的废弃物经过"处理中心"沼气工程无害化处理，产生"三沼"（沼气、沼渣、沼液）。

③沼气经沼气发电机组发电并网。

④沼渣进入"有机肥生产中心"生产固态有机肥。

⑤沼液可用于喷施农田、草场等，定向供给已签订合同的种植户。

"N2N＋"模式运行机制：

①当地政府积极推动养殖场进行生态化改造，改善生态环境条件，实现粪污源头减量化（粪污 TS≥6％），达到畜禽粪污第三方集中处理的基本要求。参加粪污第三方集中处理的养殖企业可以减少环保设施投入，降低环保处理成本，解决了污染的后顾之忧，养殖场得到了实惠，提升了竞争力。

②当地养殖场自愿与第三方处理企业签订收集处理粪污的合同，明确粪污处理责任和收费事项，按谁受益谁付费的原则，养殖企业付给第三方企业 10 元/吨的处理费用。

③建设粪污收贮运体系，合理布局运输区域和线路，降低成本，提高效率。

④第三方处理企业专心做环保工程，通过专业运营农业废弃物处理中心和有机肥生产中心，实现资源转化利用，通过供气，发电，生产有机肥、沼液肥，建设科技产品中试基地，建设生态示范园区，来实现多种渠道收益，保障企业经济效益。

⑤当地政府和社会化服务组织积极引导种植户进行沼液肥综合利用，建设田间贮存沼液设施和喷灌设施，第三方企业与种植户签订合同定向供给沼液肥。

⑥第三方处理企业和当地养殖企业、种植企业和农户建立良好的产业上下游互动合作关系，并与社会化服务组织如养猪协会、养猪专业合作社、运输合作社、沼液肥施用合作社等紧密合作，形成政府、企业与农户之间联系的桥梁和纽带，提供养猪场生态化改造、运输、技术等服务，共同打造生态产业链，共享生态经济带来的成果，打造区域绿色生态循环农业。

⑦建设生态能源农场，开展耕地质量保护与提升，促进化肥减量增效，既修复废弃稀土尾矿、治理农田土壤环境，又为沼肥还田提供多元化途径。

（三）技术模式

1. 模式流程

"N2N"模式实践方法：建设一个以智慧农业为基础的，集养殖、种植、加工、商贸物流、科研为一体的综合服务平台，以充分完善的四个体系——政策保障体系、农业废弃物储运体系、有机肥田间消纳体系、农业信息体系保障"N2N"模式运行；以农业废弃物处理中心和有机肥生产中心，带动五大产业，即生态养殖、生态种植、能源环保、农产品加工、生态休闲农业生态化发展。"N2N＋"是在"N2N"模式的基础上加入生态能源农场部分。

2. 收运模式

合理布局运输区域和线路，降低成本，提高效率。由于采取"第三方集中全量化处理"模式，第三方集中处理企业要从养猪场收集废弃物运回处理中心。粪污运输方式主要用吸污车，病死猪用带有密封式车厢的车辆，在整个运输过程中保证不产生二次污染。在运输管理上，可以采取三种形式：一是公司自有车队运输；二是运输合作社提供车辆运输；三是农户个人承包运输。

粪污收集需要组建运输车队，购置专用罐车用于粪污运输，车辆装定位监测系统，按规定线路行驶，严防滴漏；车队给每辆运输车分配运送线路，提高运输效率；为加强猪场防疫，粪污收集池应建在猪场外围并配有消毒设施。

3. 处理技术

（1）养殖场生态化改造

养殖场生态化改造后需具备的条件：养殖场需要有粪污收集池和雨污分流设施；猪场采用高床养殖，设有漏缝板机械刮粪工艺；减少用水，提升粪污浓度，粪污浓度 TS≥6％；饲养过程中，使用安全的投入品，不含危害物质。需配备设施：粪污收集池及搅拌泵；雨水分流设施；高床设施。生态化改造后可实现粪污源头减量化，利于贮运和沼气生产。

（2）收储运体系和装备

围绕农业废弃物资源化处理中心，建设农村有机废弃物收储运体系，收集可用于厌氧发酵的生物质废弃物，根据原料特征配备特殊的原料收集储运车，合理建设厌氧发酵原料贮存转运场，确保大型沼气站厌氧发酵原料的稳定供应。

（3）沼气工程工艺技术和标准

沼气生产采用的主要技术有：①高浓度全混合式沼气发酵工艺（即 CSTR）技术；②秸秆水解酸化-纤维素水解技术；③沼气净化技术，生物脱硫和化学脱硫；④沼气储气柜相关技术。

配备设施设备：原料预处理及进料系统；CSTR 厌氧发酵罐；配套的出料系统；配套的固液分离系统，化学精脱硫、生物脱硫系统；沼气储存、净化、利用系统。执行 GB/T 51063—2014《大中型沼气工程技术规范》。

（4）固态有机肥生产技术和标准

配备的设施设备：有机肥发酵堆肥场和有机肥生产线。执行的相关标准有：《有机肥料》（NY 525—2021），《生物有机肥》（NY 884—2012），《复合微生物肥料》（NY/T 798—2015），《含氨基酸水溶肥料》（NY 1429—2010），《农用微生物菌剂》（GB 20287—2006）等。

（5）沼气发电技术和标准

配备的设施和设备：成套沼气预处理设备和发电设备。采用国内外成熟的热电联产发电机组，发电机组要求具有机械强度高、高效、耐久、性能可靠及热效率、热利用率高等特点，达到并网发电的要求。

（6）沼气供气系统

因地制宜，就近建设输送管道，定向向居民供气。引用天然气相关公司的技术，使沼气管网能够安全、稳定地运行。

（7）沼液肥施用技术

一方面，第三方集中处理企业建设生态农业示范田，探索和实践沼肥施用方法，带动种植户应用沼肥。另一方面，种植户根据种植面积、种植品种和施用需求，可选择在田间建设一定规模的沼液贮存池和喷灌设施。

公司以技术创新为支撑，建设有机肥田间消纳体系。积极示范推广有机肥施用，推动田间贮存池和喷灌设施建设，推动有机肥替代化肥；建设生态能源农场，开展耕地质量保护与提升促进化肥减量增效，既修复废弃稀土尾矿、治理农田土壤环境，又为沼肥还田提供多元化途径。

4. 利用模式

粪污发酵后产生"三沼"，沼气用于发电，沼渣用于生产有机肥，沼液肥用于茭白等蔬菜、脐橙、葡萄等果树，油茶等经济作物，以及牧草和能源植物。沼液肥可用于种植能源作物，初期阶段以 50 亩土地开展能源作物筛选、重金属修复等工作；中期阶段以 150 亩因尾矿污染造成的抛荒农田进行扩大试验，初步构建生物质可持续供应体系；最终阶段规划以 5 000 亩土地具体构建能源农场，建立土壤重金属污染迁移模型，并建立相应数据库，建立尾矿治理修复评价体系。

二、定南阳林山下养殖有限公司沼气工程

（一）基本情况

定南阳林山下养殖有限公司位于定南县岭北镇迳脑村，由江西山下投资有限公司 2013 年投资建立，是一家集良种土猪繁育、青贮饲料加工、节水栏舍应用、大型沼气发电、"猪-沼-（草）林"于一体的现代化种养结合养殖基地。该基地设计规模为年产 5 万头小猪，总建筑面积 34 890 米²，2018 年出栏生猪 3 万头，现存栏生猪 7 099 头，其中种猪 1 821 头，日产粪污量约 30 吨，配套种植经济林 1 000 余亩、牧草 100 亩用于消纳养殖污水。实施高浓度粪污委托第三方处理及低浓度污水自行处理的方式。

（二）粪污收集处理、利用流程和关键技术

1. 粪污收集处理三步

第一步：**采用源头控污技术**。猪场严格实施环保"三同时"要求建设，猪舍全部采用高床漏缝结构，批次内育肥实现免冲栏，严格实施雨污分离、清污分流，自动实现粪尿分离。用水量减少 90%，污水量同步减少。

第二步：**实施干粪全量化收集**。与赣州锐源生物科技有限公司签订协议，高浓度粪尿由人工或机器收集，全部运到第三方处理企业（赣州锐源生物科技有限公司），通过厌氧发酵生产沼气，沼液、沼渣生产高效液态与固态有机肥。

第三步：**进行粪污综合利用**。低浓度污水收集后，采用细格筛过滤→进入匀浆池→进入沼气灌→生产沼气→发电和员工生活燃气。沼液→进入曝气池生物处理→处理液达到排放标准后，实行内部消化利用。该场没有设置向外排污口，达标沼液全部用于油茶、林木山地喷灌、种植牧草和绿化草地。牧草收割后通过乳酸菌发酵制成营养饲料供生猪食用。种植牧草吸纳了部分经过活性污泥、水生植物、藻类等处理生猪排泄污水，基本做到了对周边环境无污染。

2. 粪污综合利用流程（图 6-3）

3. 节水栏舍关键技术

①采用双列式栏舍设计，每栏面积约 24 米²，圈长 6 米，宽 4.2 米，其中，里侧为实心地板，宽 1.8 米，实心板下铺设水暖；外侧为漏缝地板，宽 2.4 米，漏缝板规格为 1.5 米×

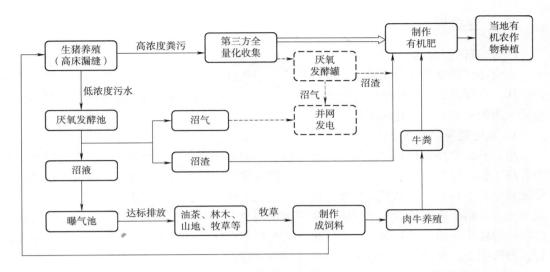

图 6-3　粪污综合利用流程

0.6 米，缝宽 2 厘米；靠通道边设有长条形料槽，保证每头猪均能进食。靠主墙边设碗式饮水器，饮水器下方设置集水口，多余水通过集水口用水管接出，流向雨水出口，从而避免了进入粪污中，减少了污水量。

②猪舍主墙高 1.05 米，窗户高 1.2 米，使用卷帘布，固定上方，向下调节，可调节室内气温与空气流通。栏舍底部架空处（1.4 米高），舍内整个地板抬高 1.4 米，既方便集粪槽清粪，又与装载车辆等高，方便装卸。

③漏缝板底部地坪呈 30°坡度并用水泥收光形成集粪槽，集粪槽斜坡有利于粪便干燥。猪尿、消毒用水与部分粪便直接掉入地板下，自然顺斜坡流入粪沟，其余干粪人工清出粪口扫入污水沟。污水沟在两边墙外侧，宽、深均为 34 厘米，正好可容下铁铲，以利清粪；整栋栏舍呈轻微坡度，便于污水单向流入排污管。

（三）运行机制

①全套污水处理设施运行费用：现场每天需处理粪水 30 吨，年处理费用需 6.5 万元。

②节水产值：采用节水型栏舍，实行高床养殖免冲洗工艺，用水量与传统养殖场相比节约了 90%，不仅节省用水费，且大量有效减少污水处理费。

节水工艺既减少了生产用水投入及污水处理量，大型沼气年发电产生效益超过年全套污水处理设施运维成本，同时给配套种植的经济林、牧草提供足量的肥料，减少化肥施用量。该场全套粪污处理系统可长期有效运行。

第三节　吉安养殖小区模式案例

吉安市按照"坚决取缔散养，逐步淘汰小规模养殖，实现规模化、生态化养殖"的总体要求，着力打造生猪生态循环养殖小区，力求实现"控制总量、调整存量、做优增量"的生猪产业发展目标。

一、主要做法

（一）高站位推动

吉安是江西省唯一的全国生态保护与建设示范区，市委、市政府高度重视养殖污染治理工作，站在维护生态安全、绿色崛起、打造美丽中国"江西样板"走前列的高度，推动生猪生态循环养殖小区建设工作。做到"四保"：

1. 强化领导保实效

市、县成立高规格领导小组，负责生猪生态循环养殖小区的政策制定、组织协调、监督管理工作，党委（政府）一把手亲自抓。同时建立相应协调调度机制，市委、市政府分管领导多次主持召开生猪生态循环养殖小区建设工作协调会，协调解决出现的问题，并印发《全市生猪生态循环养殖小区建设协调会议纪要》，要求各地各部门切实加强对生猪生态循环养殖小区的指导和服务，尤其是林业部门要在林地使用和报批上加强指导，加强监督，加强服务，共同推进生猪生态循环养殖小区建设。

2. 顶层设计保顺畅

将生猪生态循环养殖小区建设任务纳入政府重点工作内容。先后出台《吉安市生猪生态循环养殖小区建设指导方案》《吉安市生猪生态循环小区建设审批办法》《吉安市生猪生态循环养殖小区规划建设方案编写指南》等相关文件，有效指导和规范各地生猪生态循环养殖小区建设、审批、规划建设方案编写等工作。安福县、吉安县、峡江县、吉水县制定了《生猪生态循环养殖小区项目建设实施方案》，对政策支持、项目选址、投资主体、养殖户入区条件等作了硬性规定，确保养殖小区建设不走样，并发挥实效。尤其是吉安县明确免收土地复垦保证金、奖励补还县级留成的植被恢复费、给予每个小区不超过 630 万元专项扶持资金等优惠政策，支持措施具体、可操作性强。

3. 疏堵结合保稳定

生猪产业是吉安市传统农业产业，全产业链产值超百亿元，猪肉仍然是主要的肉食品。全市禁养区已关停退养猪场 3 741 家，可养区、限养区内已关停退养环保不达标猪场 2 744 家，退养生猪 270 余万头。市委、市政府围绕基本保持生猪出栏 430 万头总量和不突破各县（市、区）环境承载能力的目标，确保畜产品供给，切实解决退养户继续养猪问题，引进有实力、有品牌、有业绩、有情怀的龙头企业建设运营小区，吸收退养户进入小区继续养猪，有效解决养猪人的后顾之忧，维护社会稳定。

4. 督查考核保进度

一方面坚持跟踪问效常态督查，于 2018 年 2 月和 5 月，市规范生猪养殖管理工作领导小组成立了由生态环保、农业农村、林业、自然资源等相关部门人员组成的 4 个检查组，对全市生猪生态循环养殖小区工作进行检查并印发通报；另一方面充分发挥考核"指挥棒"作用，将规范生猪养殖管理和生猪生态循环养殖小区建设纳入县乡科学发展综合考评体系，对推进措施有力、工作成效明显的给予表彰，对工作不力、进度缓慢的严格问责。

（二）高标准定位

生猪生态循环养殖小区是生猪产业转型升级、绿色发展，实现生产方式现代化、规范化、生态化的一种新模式，吉安市委、市政府要求按照建设水平一流、环保设施一流、养殖技术一流、生产效益一流"四个一流"的观念建设小区。

1. 养殖小区的规划设计做到"三个一流"

①配套高标准粪污处理系统，采用固液分离＋厌氧发酵＋气浮＋消毒处理等技术，做到环保水平一流。

②推广运用自动化、智能化等饲养管理先进理念，引进和培养专业技术人才，做到养殖技术一流。

③将生猪养殖与沼气发电、有机肥生产、种植业结合起来，实现粪污资源化利用和农业循环发展，做到生态效益一流。

2. 养殖小区的建设管理做到"两个统一"

（1）统一建设标准

要求每个小区建设面积在1 000亩以上，一批次饲养生猪2万头以上，统一规划布局"生猪养殖区、废弃物（粪污和病死猪）处理区、有机肥（半成品）生产区、有机种植区"四大功能区，将生猪饲养、废弃物处理与资源化利用集中建设在一个小区里，实现生产效益最大化，废弃物处理无害化、资源化。

（2）统一管理模式

要求小区建设运营主体既要具备资金、技术实力，还要具备管理实力，采取统一猪源、统一供料、统一防疫、统一废弃物收集处理、统一经营的管理模式，建立健全疫病防控、污染防治、生产管理、安全管理等各项制度，确保小区建设和运行安全。

（三）高效率推进

截至2021年，吉安市已经建设45个养殖小区，以"五个坚持"实现高效推进。

1. 坚持因地制宜，合理布局

既充分考虑当地生猪养殖规模，又兼顾环境承载能力和周边环境的影响，既把握好小区的规模化，又科学测算规模效益。

2. 坚持严格程序，确保质量

生猪生态循环养殖小区建设吸引了北京大北农科技集团股份有限公司、双胞胎集团、新希望集团、正邦集团、温氏集团和其他投资主体的积极参与，踊跃投资兴建。为确保小区建设质量，每个小区由各县（市、区）按提交选址、规划建设方案和竣工验收报告的程序，由市领导小组组织相关部门和专家逐项审定。

3. 坚持各负其责，部门配合

生猪生态循环养殖小区建设涉及农业农村、生态环保、自然资源、林业、发改等职能部门，按照市委、市政府统一部署，明确了相关部门的职责分工，并要求为小区建设办理相关手续开辟绿色通道，确保小区建设顺利推进，各部门都能按照市委、市政府要求，积极做好相关工作。

4. 坚持畜地平衡，产业结合

《吉安市生猪生态循环养殖小区建设指导方案》中明确小区有机种植基地要结合六大富民产业，吉水县、青原区、安福县、万安县等县（区）在编制小区建设规划时都结合了六大富民产业，吉水县明确有机种植基地必须种植井冈蜜柚。市农业局在加快农业结构调整行动计划实施中药材产业发展工程中，优先考虑生猪生态循环养殖小区。

5. 坚持定期调度，加快进度

近年来市领导小组办公室采取定期调度、定期通报的方式，促进各地加快小区建设进度；对畜禽养殖污染整治情况、生态养殖小区建设情况实行每月一通报；对中央环保督察"回头看"举报情况及省、市环保检查反馈情况实行每月一调度。

二、成效

吉安市自 2017 年开启生猪生态循环养殖小区建设以来，通过畜禽养殖污染专项整治和规范生猪养殖管理，全市生猪养殖场从 7 588 家减少至 1 139 家，畜禽粪污处理设施装备配套率从原来的 83% 提高到了 98.57%。已经动工建设小区 45 个，计划总投资 65 亿元。

（一）畜禽标准化建设水平有新提高

全市累计创建畜禽标准化示范场 111 个，其中部级 27 个、省级 48 个、市级 36 个，占全省总量的 1/7，位居全省之首。生猪生态循环养殖小区建成后，年出栏生猪将达到 380 万头，约占全市出栏量的 90%，全面提升全市生猪养殖水平。

（二）畜禽粪污资源化利用有新突破

全市以沼气和生物天然气为主要处理方向，以就地就近利用农村能源和农用有机肥为主要使用方向，以生猪生态循环养殖小区为重点，强化畜禽养殖污染治理，探索畜禽养殖废弃物资源化利用新途径，推广治污水肥一体化、种养一体化和第三方治理综合利用新模式，小区配套有机种植示范区，结合六大富民产业和各县（市、区）特色产业进行布局。全市畜禽粪污综合利用率从原来的 76% 提高到了 90.61%，畜禽粪污产生量 1 053.31 万吨，畜禽粪污资源化利用量 954.37 万吨。

（三）畜禽养殖污染整治有新成效

全市在 2016 年中央环保督察和 2018 年中央环保督察"回头看"期间，未有群众举报重大畜禽养殖污染事件；2018 年全省开展长江经济带共抓大保护专项执法检查和全市开展生态环境问题大排查，均未发现重大畜禽养殖污染事件；近三年内全市未发生重大畜禽养殖污染事件，2018 年中央环保督察"回头看"仅对吉安市没有下沉督察。

（四）绿色农产品品牌形象有新提升

通过使用有机肥种植的蔬菜、果品、茶叶、大米等越来越受到消费者青睐，全市农产品获国家认证的绿色产品 135 个、有机产品 60 个、无公害产品 62 个，狗牯脑茶叶、井冈蜜柚、绿海茶油、永丰蔬菜、富硒大米等一批绿色有机农产品正成为吉安的新品牌。

第四节　其他第三方模式实践

一、农牧结合：高安市裕丰农牧有限公司（"牛-沼-草"）实践

（一）基本情况介绍

高安市裕丰农牧有限公司，位于江西省高安市村前镇山下江头村。公司存栏肉牛 3 000 多头，其中能繁母牛 400 多头，年出栏肉牛 4 200 多头。公司肉牛品种有锦江黄牛、

西门塔尔牛、安格斯牛、夏洛莱牛、秦川牛等。年产生牛粪 21 900 吨，尿液 10 950 吨。公司占地 8 000 亩，种植牧草 1 500 亩，天然草场 5 000 亩，果蔬 700 余亩，果树 300 余亩。年产果蔬 1 万吨，年供青饲至少 3 万吨。种植牧草品种主要是桂牧 1 号象草、黑麦草、青贮玉米等，四季供青；种植的果树品种主要有橘、樱桃、梨、桑、无花果等；种植的蔬菜有包菜、萝卜、辣椒等近 30 个品种，四季不断；水果有西瓜、梨、橘子等 10 多个品种。

（二）粪污收集处理、利用流程和关键技术

1. 工艺流程

粪污处理设施采用高浓度推流式厌氧反应器（HCF）工艺，工艺流程见图 6-4，养殖污水通过格栅后进入沉淀池，产生的沉渣全部送入粪便贮存池发酵。为了充分利用养殖污水中的能量，污水先经过厌氧发酵池，利用厌氧微生物将有机物分解产生甲烷、二氧化碳和水，甲烷气体作为能源为锅炉提供燃料以及发电，供养殖场栏舍保温和职工生活用能，在此过程中可去除进水中大部分有机物。经厌氧发酵处理装置进行处理后，再经气水分离器分离，沼液排入氧化塘，全部用于周边牧草、果园、菜园的浇灌。经过发酵的干粪一部分用于草地、菜园肥田，一部分作为有机肥料销售给农户或者种植户。养殖场粪水一部分通过管道直接进入粪污处理设施，一部分通过使用吸粪车从储液池转运。

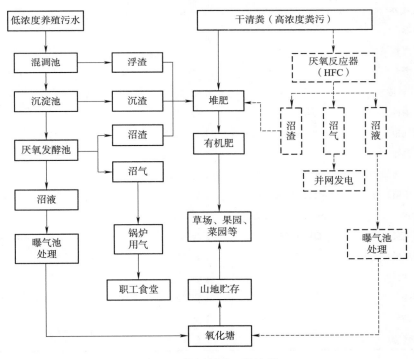

图 6-4　粪污处理工艺流程

工艺流程说明：

①养殖污水通过混调池后进入沉砂池，产生的浮渣全部送入有机肥堆肥池加工。

②为了充分利用养殖污水中的能量，污水先经过厌氧发酵池，利用厌氧微生物将有机物分解产生甲烷、二氧化碳和水，甲烷气体作为能源为锅炉提供燃料，供养殖场栏舍保温

和职工生活用能，在此过程中可去除进水中大部分有机物。

③经厌氧发酵处理装置进行处理后，经气水分离器分离，沼液排入氧化塘，全部用于草场和果园的浇灌。

④高浓度推流式厌氧反应器（HCF）工艺。贮气柜 150 米³、固液分离池 260 米³、沼液贮存池 400 米³、厌氧发酵池 1 000 米³、氧化塘 200 米³、有机肥堆肥池 2 000 米²、吸粪车 1 台、粪水管道 3 000 米、田间污水储存池 100 米³ 等。

2. 处理装备

处理装备见表 6-1。

表 6-1　处理装备

装备名称	型号或规格	数量	功率/千瓦	备注
格栅	SY-5	1 台		
污水提升泵	WQ10-10-0.75	2 台	0.75	一用一备
匀浆机	PS-1	1 套	7.5	
搅拌机	JBJ-1.5	1 套	1.5	
进料泵	WQ20-22-3	2 台	3.0	一用一备
USR 反应器	Φ6.11×10.80	1 台		
水封器	SYS-3	1 套		
气水分离器	STS-3	3 套		二用一备
脱硫塔	STL-3	2 套		一用一备
湿式贮缓冲罐	8.0 米³	1 套		
沼气压缩机	JZW-1.5/8	2 台	7.5	一用一备
干式储气柜	25 米³	1 套		
沼气流量计		1 套		
燃气调压箱	RTZ430/50N	1 套		
燃气调压箱	RTZ31/50FQ	1 套		
蒸气锅炉	LSG0.25-0.4-AⅢ	1 套	1.5	
沼肥回流泵	QW20-15-1.5	2 台	1.5	一用一备
固液分离机	LTF-Ⅲ	1 套	4.0	
电气系统		1 套		
监控系统		1 套		
采暖系统		1 套		
生活辅助设施		1 套		

3. 储运和利用方式

吸粪车和管道。粪水用于牧草、蔬菜、瓜果施肥，干粪用于牧草地、蔬菜地等肥田。

（三）运行机制

环保设施设备总投资 120 万元，其中国家政策补助 80 万元；干粪储存池投资 10 万元；吸粪车投资 20 万元，粪污管道 5 万元；沼液运营费用 5 万元/年，干粪清理收集和施肥费用 30 万元。

1. 种养主体利益联结机制

公司为种养主体，种养自运营。

2. 粪污利用第三方运行机制

公司为粪污利用主体，粪污利用自运营。

3. 生态环境保护机制

（1）科学选址

养殖场选址在离最近村庄 1 千米的几个村交界处。既能减少对环境的污染，又有附近几个村落的土地可以流转。

（2）雨污分流

将雨水和污水分开，各自通过专用管道输送。雨污分流便于雨水收集利用和集中管理排放，降低水量对污水处理系统的冲击，降低污水的处理压力，隔绝厂区污染。

（3）粪污回田

厂区可种植蔬菜、牧草、瓜果、果树、水稻等土地约 7 000 亩，足够消纳处理过的粪污。同时，由于粪污施肥，减少了化肥的使用量，间接保护了环境。

（4）牧草种植

由于厂区四季供青，无须采购外源性青饲料，减少了外源性生态污染。

（5）池塘

厂区有大型池塘 3 座，约 300 亩，池塘养殖鱼类和水禽等；如遇到特殊天气或者特殊情况造成粪污水外泄厂区雨水管道，可以连通雨水管道将水引入池塘，防止污水外泄。

二、源头减量：乐平市乐兴农业开发有限公司（异位发酵床）实践

（一）基本情况介绍

乐平市乐兴农业开发有限公司创建于 2011 年 5 月，公司有种猪场和育肥场，现有能繁母猪 450 余头，年出栏生猪 1 万余头，年销售额 1 800 余万，种猪场全场占地 80 余亩，建筑面积 7 200 米^2，其中栏舍面积 5 600 米^2，育肥场全场占地 40 余亩，建筑面积 6 500 米^2，其中栏舍面积 5 500 米^2，常年存栏 4 500 余头。

①猪场地理位置：位于江西最大的无公害蔬菜生产基地和全国有名的"江南菜乡"乐平市，其中种猪区位于乐平市接渡镇前屋村委会坞头村，育肥区位于乐平市农业高新科技园区。公司猪场地理位置优越。场址选择符合法律法规相关要求，建场以来没有使用过违禁药物，建立健全防疫检疫制度。

②粪污产生量：种猪区日污水产生量大概 18 吨，育肥区日污水产生量大概 25 吨。

③种植作物情况：育肥区附近村民主要以种植水芹为主，面积大概 5 000 余亩，其中和公司合作的农户所占有的土地有 1 000 余亩，主要都在猪场附近。

（二）粪污收集处理、利用流程和关键技术

1. 种猪区工艺流程

栏舍—干湿分离机—厌氧发酵池—沼液沉淀池—异位发酵床—有机肥。

2. 种猪区管理和技术

（1）清粪技术

为了保证卫生清洁，乐兴种猪场的栏舍清理全部采用水冲式清理，舍内收集的粪污及清洗使用的水全部通过污水管流入集污池中，收集到一定量后再采取固液分离处理。

（2）固液分离技术

在集污池中处理后的粪污通过设备进行固液分离，将其中大于1毫米的固体分离出来，分离出的液体输送到沉淀池中。固液分离处理后的固体粪污，其含固率为25%～30%，与使用过的散栏垫料一起放到专用区域进行堆肥。在经过60天左右的自然发酵堆肥后，干物质通常可以重新作为垫料循环用于异位发酵床，最后通过固粪抛撒的形式还至农田。固液分离处理后的液体粪污，其含固率在1%以下，流入厌氧发酵池中，在经过厌氧发酵处理后，流入到沼液沉淀池里。当收集到一定量后，再经过异位发酵床处理，处理后的垫料可用作有机肥，然后用运输车辆拉走，用作周边农田和场内蔬菜的肥料。周围农田可以用来种植相应的作物，这些作物又能够反过来作为猪场的饲料来源。这样既节省了农田化肥投入，提高了土壤的肥力又能够实现饲料部分甚至全部自给，节省了大量的动物饲料成本。

3. 育肥区的工艺流程

栏舍—集污池—厌氧发酵池—沼液贮存池—水芹基地。

4. 育肥区管理和技术

严格控制生产用水，通过全漏缝地板、限位饮水器、高压水枪、喷雾降温、水表管理等措施，使得每头猪的粪尿产量为1米³左右。粪尿经固液分离后，进行液体厌氧无害化处理，将处理后的沼液在非施肥季节储存于沼液储存池中，施肥季节则无偿供应给周边农户使用，用于田间施肥；固体粪便及沼渣好氧发酵，生产有机肥外售。

（1）液体部分

①固液分离。清出的粪尿经震动筛网式分离机及螺旋挤压式分离机两级固液分离后，收集储存于调节池内。

②厌氧无害化处理。收集的液体经过厌氧发酵，除臭、灭菌，沼液经过出水池储存于沼液储存池中。

③沼液储存。厌氧反应后的沼液在非施肥季节储存于沼液储存池；沼液储存池坡体清场夯压后，采用"HDPE 防渗膜"或"HDPE 防渗膜＋混凝土"增强防渗，避免污染地下水源。

④管网铺设。公司免费将沼液管网铺设到农民田间地头，在施肥季节，派专业技术人员指导农户施肥。

⑤农田施肥。采用喷灌的施肥方式，以保障均衡施肥。用沼液施肥，不仅减少了农民的化肥投入，而且能够实现作物增收10%～300%，干旱时节增收更加明显。

（2）固粪部分

堆肥发酵用作有机肥。

（三）运行机制

公司投入上百万元用于粪污处理和管道铺设，为猪场周边农户免费提供优质的有机肥，并提供技术指导。

第五节　畜禽养殖废弃物资源化利用综合效益评估

为全面掌握江西省畜禽粪污无害化及资源化利用各模式发展情况，江西省生态文明研究院（江西省山江湖开发治理委员会办公室）研究团队对省内最近几年探索形成的示范模式（示范模式）和以往主推模式（传统模式）进行系统综合评估，主要综合考虑各处理模式下，畜禽粪污无害化、资源化产业的经济性（装备、市场等）、安全性（技术、标准等）、可持续性（商业模式、政策等），提出畜禽养殖废弃物无害化及资源化利用产业的发展建议。

一、评估点的选择

（一）选择原则

按照项目建设地域代表性和建设水平代表性的原则，结合江西省整县粪污资源化、无害化处理建设项目的养殖规模、工艺处理类型、养殖种类、地域分布、区域环境状况等情况不同，选择代表性的新余渝水区"N2N"区域生态循环农业园模式，新余罗坊"N2N"区域生态循环农业园模式，定南县"N2N＋"区域生态循环农业园模式，全南现代牧业大庄、玉舍、马安养殖场和萍乡市泰华牧业有限公司宏桥养殖场作为项目调研点（评估点）。

其中，新余渝水区"N2N"区域生态循环农业园和新余罗坊"N2N"区域生态循环农业园实际为正合环保集团投资建设的一期和二期建设工程，工程投资及财务收益上未实行分开，故本评估中将二者的模式合并在一起，称为新余"N2N"区域生态循环农业模式，作为一个示范工程来进行评估。评估年限确定为2018—2020年。

（二）基本情况

评估点（项目示范点）粪污产生量，以及资源化利用，如沼气产生量、发电量和有机废弃物产生量等情况见表6-2。

表6-2　示范模式调研点的基本情况

名称	单位	新余	定南
湿粪污产生量	万吨/年	40	40
沼气产生量	万米^3/年	986	800
发电量	万千瓦时/年	51 480	2 000
有机废弃物产生量	万吨/年	3	4

1. 新余"N2N"区域生态循环农业模式

新余市辖区渝水区、分宜县都是传统的畜禽养殖县（区），全市生猪养殖规模100余万头，年产生畜禽粪便（干清粪）100余万吨，实际冲水后可达350万吨以上。针对这种情况，2014 年新余市引进正合环保集团在罗坊镇投资建设的一期、二期沼气站，分别于 2014 年 12 月和 2016 年 9 月投产，建成年处理有机废弃物 1.91 万吨、年产沼气 985 万米³ 能力设施。在罗坊下排、湖头、彭家等地开展沼肥综合利用试验示范，探索出一套 "N2N" 区域生态循环农业模式。2018 年以来，为避免非洲猪瘟导致生猪养殖数量锐减，防疫形势加强，该模式不断完善，补充利用种植牧草消纳沼液，为养牛场提供青饲，增加病死猪无害化处理生产氨基酸，增加有机肥的生产，使种养业紧密结合，形成良性的生态循环，同时又保证示范工程有足够的经济收益。

2. 定南县区域生态循环农业园模式

定南县地处江西最南端，属东江源自然生态保护区，是国家级生猪调出大县，是江西省最大生猪供港县，生猪养殖总产值占全县农业总产值的 60% 以上。近年来，定南县积极探索 "N2N＋" 模式，即以养殖业粪污收集处理中心的沼气发电站和有机肥厂（即 "2"）为核心纽带，一头连接县内 "N" 家畜禽养殖场（收集粪污作为生产原料），另一头连接 "N" 家种植户（提供有机肥），"＋" 指延伸至废弃稀土矿山治理、草食畜牧业饲草和能源草种植、蚯蚓养殖等多个产业。示范园在位于岭北镇废旧稀土矿山的能源生态农场种植了 1 500 亩能源作物皇竹草，既可作牧草饲养牛羊，发展本地畜牧业；也可切碎作为原料投入发酵罐发酵产生沼气。定南示范工程与全县 112 家存栏 500 头以上规模养殖场签订粪污处理合同，示范园每年可资源化利用畜禽湿粪污 40 万吨、年产沼气 800 万米³、年发电量 2 000 万千瓦时、年产固体有机物 4 万吨、液态肥 30 万吨。

3. 全南县传统养殖场处理模式

全南现代牧业位于江西省全南县，为江西省农业产业省级龙头企业，公司拥有 6 个大型现代化种猪场、2 个供港生猪养殖基地、6 个 "公司＋农户" 养猪服务部、1 个年产 20 万吨饲料的饲料厂，共存栏种猪 3 万头，年出栏商品猪 60 万头。2018 年期间，公司在粪污处理设施上投入达 8 000 多万元。公司拥有相对独立运营的大庄、玉舍、马安养殖场，各养殖场地理位置相对较远，自行建有粪污治理和资源化利用设施。

大庄养殖场商品猪养殖量为 2.30 万头/年，出栏量为 5 万头/年，在粪污处理资源化和无害化处理投入 1 711.50 万元，建成厌氧发酵系统、储气系统、供气系统、发电系统、有机肥生产系统、病死猪处理系统以及生态湿地工程系统各 1 套。

玉舍养殖场母猪存栏量为 6 000 头，猪仔年出栏 13.8 万头，建有厌氧发酵系统、有机肥生产系统、污水处理系统、病死猪处理系统、生态湿地处理系统各 1 套。2018 年、2019 年、2020 年猪场产生粪污量分别为 87 654 米³、88 693 米³、79 445 米³。

马安猪场年养殖商品猪 1 万头，年出栏量为 2 万头。建有 1 个有机肥处理系统和 1 个污水处理系统，粪污全部自行处理。养殖场 2018 年产生粪污量为 19 600 米³，2019 年产生粪污量为 24 455 米³，2020 年产生粪污量为 24 567 米³。

大庄、玉舍、马安养殖场出栏及粪污资源化利用情况详见表 6-3。

4. 萍乡传统养殖场处理模式

萍乡宏桥养殖场为种猪扩繁场，年生产二元母猪 3 000 头、出栏商品猪 8 000 头。建立了粪污系统处理设施。其中，常温厌氧发酵池 1 300 米³、中温高浓度厌氧发酵池 2 000 米³、沼气储气柜 860 米³、沼渣、沼液三级沉淀储存净化池 3 500 米³、清污分流排灌利用渠道 1 600 米，及沼肥多项生物链利用工程。养殖场出栏及粪污资源化利用情况详见表 6-3。

表 6-3　传统模式养殖场基本情况

名称	单位	大庄	玉舍	马安	萍乡
养殖	万头/年	2.3（商品猪）	0.6（母猪）	1（肉猪）	0.3（二元母猪）
出栏量	万头/年	5	13.8	2	0.8
粪污产生量	米^3	/	79 445	24 567	/
沼气产生量	万米^3/年	/	/	/	37.45
发电量	万千瓦时/年	/	2 000	/	45.70
有机废弃物产生量	万吨/年	/	4	/	/

二、综合评估

（一）养殖场规模的界定

参照农业部《2003 年中国畜牧业年鉴》的统计口径，大中型猪场、肉鸡场、奶牛场和肉牛场的规模界定见表 6-4。

从表 6-4 和表 6-5 中的数据对比可知，全南现代牧业有限公司大庄养殖场、马安养殖场，均为大型规模养殖场；玉舍养殖场和萍乡市泰华牧业有限公司宏桥养殖场均为中型规模养殖场。

表 6-4　大中型沼气工程集约化畜禽养殖场规模的界定

类型	猪场（年出栏）/头	蛋鸡场（存栏）/万只	肉鸡场（存栏）/万只	奶牛场（出栏）/头	肉牛场（出栏）/头	羊场（出栏）/头	鸭场（存栏）/万只
中型	3 000～10 000	5～20	10～40	200～600	500～1 200	300～500	5～10
大型	>10 000	>20	>40	>600	>1 200	>500	>10

表 6-5　项目调研点猪场出栏量

名称	新余	定南	马安	大庄	玉舍	萍乡
年出栏量（头）	400 000	400 000	20 000	50 000	6 000	9 230

（二）示范工程和传统养殖场综合评价

本文的数据来源于各个企业的原始数据以及根据当地情况推断相结合，通过选取一些可量化的效益指标，进行分析评价示范工程的效益分析。示范工程是收集周边一定半径范围内（一般≤30 千米）养殖场的粪污进行集中处理和综合利用，传统处理模式是养殖场自行处理和综合利用本养殖场产生粪污。从技术对比、经济效益、环境效益、社会效益四个方面横向对比评价两种不同的处理模式（图 6-5）。技术对比主要是各个评估点在厌氧发酵工艺、有机肥生产工艺、病死猪处理工艺、污水处理等工艺处理中采取的不同工艺模式；经济效益主要来自沼渣、沼液的利用、有机肥生产、沼气利用发电等方面；环境效益主要是可以减少氨氮和二氧化碳的排放、减少水体污染等方面；社会效益主要是可以带动周边人员就业等方面。

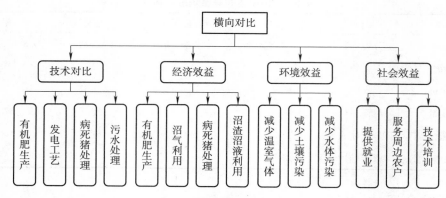

图 6-5　综合评价分析方法图

1. 技术对比

（1）示范模式技术情况

新余示范工程所收集的粪污，需首先通过含固率检测（含固率≥6％为合格），然后集中于厌氧发酵罐进行厌氧发酵（厌氧发酵采用 CSTR 工艺），将产生的沼气储存于储气装置中用于发电（当压力不够时，需配合风机增压）。沼渣作为有机肥生产的主要原料，并外购红薯渣、花生壳作为配料，按一定比例掺混后，进行有机肥生产。其中将污水与粪污进行混合处理。有机肥生产采用好氧堆肥，根据不同作物对养分的需求不同，有机肥生产的原料配比也不同。工程引进了生化处理新工艺，将病死猪和 80％的浓硫酸进行反应，并加入木屑，经快速粉碎生产有机肥。还有一部分生成氨基酸原液，变成氨基酸肥料。

定南养殖场实施节水改造，推广免冲栏生产工艺，控制前端污水总量，鼓励养殖户与上市公司温氏集团合作，发展"异位发酵床"养殖模式。对小散户要求按照干湿分离、雨污分离、清污分离、厌氧发酵等建设内容进行标准化改造。定南规模化养殖场实行第三方全量化收集，将全量化收集的粪污先通过预处理，将检测合格的粪污进行 CSTR 厌氧发酵，产生的沼气输送到储气装置中。沼渣经好氧堆肥制成有机肥，在病死猪处理方式上与新余示范工程相同，实行的是每个养殖场自行处理。各企业粪污资源化利用采用技术详见表 6-6。

（2）传统模式技术情况

全南县大庄养殖场厌氧发酵采用 CSTR 工艺罐和黑膜厌氧塘工艺。有机肥生产工艺是采用好氧生物发酵罐进行厌氧发酵，粪便和污水单独处理，粪污经处理产生的沼气用于发电，沼渣用于有机肥生产。污水处理工艺是活性污泥法和 2 级 AO 法。病死猪的处理是采用高温生物降解，在 145℃的情况下加入木屑和菌种，24 个小时后可以完成第一批发酵，并且养殖场有一套好氧塘生态湿地工程系统，可以处理 600 吨/天。

全南县玉舍养殖场厌氧发酵采用 CSTR 罐加上黑膜厌氧塘，经过此工艺生成的沼气可以用来发电，沼液可以用来生产有机肥。有机肥生产工艺采用好氧生物发酵罐，污水处理工艺采用活性污泥法，处理后的污水达标排放。养殖场建有一套好氧塘生态湿地工程系统，可以处理 300 吨/天。

全南县马安养殖场采用干清粪工艺，只有一套有机肥生产系统，采用的生产工艺是异位发酵床工艺，异位发酵床的处理能力可以达到 96 吨/天。

萍乡养殖场在厌氧发酵工艺中采用常温＋中温模式进行发酵；污水处理中采用厌氧发酵、综合利用、三级生化处理工艺；病死猪处理过程中采取的是传统高温化制。

①利用场区地势落差，预埋好清、污分流管网；所有通道均保持相对坡度，实现场区生产上简易有效的清、污分流。

②产子舍采用全漏粪高产繁育，且水泥地面浇注成 V 形双坡度清污面，其他猪舍采用半漏粪地面，漏粪板部位水泥地面浇注成 V 形双坡度清污面，从而节约了 2/3 的冲栏水量和劳动量，养殖废水采用半自动冲洗暗沟排流，避免雨水和地下水的混入，实现场区排污源头上的减量化。

③场区所有的养殖废水经过二次厌氧发酵，发酵池设计沼渣、沼液分排和清池系统。

（3）粪污资源化处理技术分析

新余和定南示范工程采用的 CSTR 工艺可以处理高悬浮固体含量的原料，消化器内物料均匀分布，使液面有机悬浮物循环到反应器下部，逐渐完全反应，增加物料和微生物接触的机会，避免反应器液面上分层和"结盖现象"，产生的沼气用于沼气系统循环加热。新余和定南示范工程采用的好氧堆肥发酵法的主要优点是经济实用、投资少、设备简单，该种方式被广泛应用和推广。缺点是对起始发酵适宜的粪料含水率要求为 55％～65％。不同的工艺类型各有不足，养殖场应根据不同养殖规模、不同环境要求、不同自然条件及投资承受能力等条件选择适宜的工艺。

马安养殖场采用异味发酵床工艺，采用的生物降解技术为多种益生菌组成共存菌集，每半年添加 1 次菌种，粪污中有机物则被益生菌降解与消纳，水分会被降解过程中产生的高温挥发。益生菌降解消纳粪污的同时产生有机菌肥，有机菌肥可直接还田使用。由于粪污中的氨氮物质被微生物及时降解，可基本消除粪污恶臭。采用同样技术，但设施使用效果差异显著，如，同样采用厌氧发酵采用 CSTR 工艺，示范工程发酵效率远超全南县大庄养殖场，而且能持续运行。

好氧堆肥经济实用、投资少、设备简单，可较大程度实现资源循环利用，所以得到广泛应用和推广。受限于粪污不能持续稳定供应、处理规模有限、专业技术人员匹配不足等，养殖场处理工程运行较不稳定，沼气工程运行不稳，容积产气量小，沼液处理无有效方式，无法开展综合利用处理，实现无害化和资源化的最大化。

（4）病死猪无害化处理技术分析

示范工程病死猪的处理方法硫酸水解处理过程没有废气废水废物排出，真正实现了零污染处理。该处理的主要产物为氨基酸（每 100 千克病死畜禽可以生产出 27～30 千克的氨基酸，通过加工可以制成高质量的氨基酸肥料，使资源得到充分利用。硫酸水解法处理病死猪资源化利用程度高，具有规模效应，畜禽粪污及病死猪处理技术更加成熟，实际运行中也更稳定。

表 6-6　各企业资源化利用采用技术情况表

名称	单位	新余	定南	大庄	玉舍	马安	萍乡
厌氧发酵工艺类型		CSTR	CSTR	CSTR 罐＋黑膜厌氧塘	CSTR 罐＋黑膜厌氧塘	无	常温＋中温
处理能力	米³/天	1 000	800	600	300	/	100
有机肥生产工艺类型		好氧堆肥	好氧堆肥	好氧生物发酵罐	好氧生物发酵罐	异味发酵床	/
处理能力	吨/天	120	120	10	10	96	/
污水处理工艺类型		/	/	活性污泥法	活性污泥法	/	厌氧发酵＋综合利用＋三级生化处理
处理能力	米³/天	/	/	600	300	/	100
发电工艺		热电联产	热能联产	/	/		自发自用、余电上网
发电机装机功率	千瓦时	3 000	2 000	2 台＋200	2 台＋200		300
病死猪处理工艺		硫酸水解	（养殖场自行处理）	/	/		高温化制
处理能力	吨/天	13		1.5	1.5		10
生态湿地工程系统		/	/	/	/		沼液输送管网浇灌
处理能力	吨/天	/	/	600	300		100

2. 经济效益

（1）新余示范工程经济效益分析（表 6-7 至表 6-9）

新余示范工程通过供气、发电、病死猪处理、有机肥销售等生产经营活动，主要支出集中在人员工资、有机肥生产辅料成本、能源（用电）成本、维修费等方面，2018 年、2019 年、2020 年运行成本为 750.06 万元、975.73 万元、1 105 万元。为了保证设施持续运行，在人员投入方面占比最大。主要收入来自沼气发电、粪污处理、有机肥销售。项目至 2019 年开始受非洲猪瘟影响，养殖场存栏量持续减少，造成新余示范工程收集粪污急剧减少，其中粪污处理收益由 2018 年的 180.86 万元减少到 2020 年的 36.27 万元，原料的减少也造成了沼气发电的收益降低，由 2018 年的 254.82 万元降低至 2020 年的 14.23 万元，企业为保障生存，加大了有机肥的研发生产投入，有机肥销售收入由 2018 年的 218.54 万元提高到 565.95 万元。2018 年、2019 年、2020 年工程收益分别达 755.06 万元、917.06 万元、736.31 万元，在受非洲猪瘟影响较小的 2019 年项目收益最高。新余示范工程通过对形势准确把握，面对非洲猪瘟带来的巨大挑战，及时调整，有效缓冲和适应外部激烈变化，确保有较好的经济收益。在正常收集粪污原料充足的情况下，增加厌氧发酵后沼渣有机肥投入，势必会进一步提高项目效益。

表 6-7　新余示范工程经济支出情况

序号	指标名称	单位	年份		
			2018	2019	2020
1	环保站建设费用	万元	/	/	/
2	有机肥生产系统建设费	万元	/	/	/
3	病死猪处理系统建设费	万元	/	/	/
4	设备折旧成本	万元	368.03	546.62	550.79
5	能源（用电）成本	万元	46.34	33.34	41.94
	能源（柴油）成本	万元	21.45	11.7	20.35
6	有机肥生产辅料成本	万元	27.98	158.52	201.72
7	人员工资/年	万元	223.88	203.91	223.61
8	防疫费用/年	万元	/	/	/
9	维修费/年	万元	40.52	16.36	46.74
10	车辆使用费用/年	万元	21.86	5.28	19.85
11	污水处理药剂费/年	万元	/	/	/
12	总计	万元	750.06	975.73	1 105

表 6-8　新余示范工程经济收益情况

序号	指标名称	单位	年份		
			2018	2019	2020
1	发电产值	万元	254.82	184.43	14.23
2	有机肥产值	万元	218.54	405.58	565.95
3	供气产值	万元	63.42	61.89	61.73
4	沼液产值	万元	4.02	0.23	0.93
5	猪粪处理收益	万元	180.86	155.86	36.27
6	无害化处理收益	万元	/	1.86	8.64
7	氨基酸原液收益	万元	/	60.61	/
8	其他收益（稻谷、沼渣、技术服务等）	万元	33.40	46.60	48.56
9	总计	万元	755.06	917.06	736.31

表 6-9　新余示范工程经济收益占比情况

序号	指标名称	单位	年份		
			2018	2019	2020
1	预期总收益	万元	/	/	/
2	实际总收益	万元	755.06	917.06	736.31
3	年运行成本	万元	750.06	975.73	1 105
4	沼气工程收益占比	%	71.06	55.77	23.14
5	有机肥收益占比	%	28.94	44.23	76.86
6	病死猪收益占比	%	/	/	/

以各年平均，新余市罗坊镇打造"N2N"区域生态循环农业园项目计划总投资16 000万元，预计新增工作岗位45人。

运行成本分析：

1）人工费用E1。

按照平均人工费用为3 000元/（人·月）计算

E1＝45×3 000×12＝162.00万元

2）原料费用E2。

项目采用混合原料发酵，混合原料发酵方式主要是养殖场粪污及秸秆混合发酵，如果采用混合发酵方式，三期项目根据设计要求，要达到日产沼气27 000米^{3}沼气，每天需要猪粪97吨，另外需要秸秆69吨。按照全量化收集模式，每头猪每天产生2千克猪粪，可附带处理5千克的冲洗废水，97吨猪粪另需处理冲栏水量242.5吨，共计需要运输重量为339.5吨；秸秆利用存在分布广、收集难等问题，在通过与相关合作社合作的前提下则还需要考虑收购成本，初步测定秸秆收集成本每吨为220元。

根据实际情况，原料收集范围为沼气站周边30公里范围内，平均每辆车运输距离为15公里，按照运输成本（油费及保养费）为10元/公里，则每辆车运输一次成本为150元，车辆载重为10吨，则每吨原料运输成本为15元。

每年猪粪费用＝339.5×365×15＝185.88（万元）

每年秸秆费用＝69×365×（220＋15）＝591.85（万元）

即E2＝185.88＋591.85＝777.73（万元）

3）电费E3。

平均每天用电量大约为5 000千瓦时，每千瓦时收取费用为0.65元。

E3＝5 000×0.65×365＝118.63（万元）

4）通信费用E4。

通信费包括站内电话及网络费用及智能平台等维护，预计平均每月通信费用在15 000元。

E4＝15 000×12＝18.00（万元）

5）设备及管网维护维修费用E5。

设备及管网维护维修费主要分为站内大型设备更换机油、零配件等，站内管网、站外管网维护，电气电缆等常规保养维护，预计平均每月费用为10 000元。

E5＝10 000×12＝12.00（万元）

6）管理费用E6。

管理费用主要包括：伙食费及招待费，参考罗坊沼气统计，平均每月费用为30 000元。

E6＝30 000×12＝36.00（万元）

7）固定资产折旧费用E7。

固定资产折旧：平均年限法计算，按20年计算，残值按照5%计算，年固定资产折旧16 000/20＝800.00（万元）。

E7＝800（万元）

成本总计：

E＝162.00＋777.73＋118.63＋18.00＋12.00＋36.00＋800.00＝1 924.36（万元）

收益分析：

1）沼气收益。

沼气利用采取两种方式，第一种采用集镇供气，工程的一期二期项目所产沼气主要用于罗坊集镇及周边乡村6 000户居民生活用气，每立方沼气售价为2.2元，6 000户居民平均每天用气量为3 600米³，销售收益为3 600×2.2×365＝289.08万元；第二种采用沼气发电并网，工程的三期项目所产沼气及一二期项目供户剩余沼气主要用于发电并网，根据现有政策，沼气发电收购价格为0.75元/千瓦时。本项目发电机组初步计划从美国购买，发电机组能量利用率比较好，再加上螺杆膨胀发电机对余热的利用，预计每立方沼气可发2.2千瓦时，则沼气发电收益为：（27 000－3 600）×2.2×0.75×365＝1 409.27万元。

2）碳交易收益。

国家计划2017年全面开放碳交易，[甲烷的CO_2当量（CO_{2-eq}）是CO_2的25倍]，经计算，每立方沼气的碳交易收益在0.5元，则年收益为：27 000×0.5×365＝492.75万元。

3）有机肥生产收益。

以猪粪和秸秆为主要发酵原料进行混合发酵产生沼渣135.68吨、沼液118.64吨，由于进料浓度较高，采用膜浓缩分离技术后，可将沼液分离成10％的高浓度液态肥和90％的可达标排放的水，液态肥生产成本预计在650元/吨，液态肥原液市场价格为800元/吨，固态肥生产成本预计在700元/吨，固态肥市场价格为900元/吨，则液态肥每年收益为：118.64×10％×（800－650）×365＝649.55万元；固态肥每年收益为：135.68×（900－700）×365＝990.46万元。

4）病死畜禽无害化处理收益。

本项目病死畜禽无害化处理目前主要针对病死猪，相关政策补贴按80元/头，按照平均处理的病死畜禽每头100千克计算，按照设计要求，每天处理6吨计算，则年处理2 190吨，大约年处理21 900头，各级政府补贴总收益80×21 900＝175.20万元。

收益总计：

E＝289.08＋1 409.27＋492.75＋649.55＋990.46＋175.20＝4 006.31（万元）

（2）定南示范工程经济效益分析（表6-10至表6-12）

工程总投资7 593万元，其中厌氧发酵系统建设费、发电系统建设费和有机肥生产系统建设费占总投资的较大部分，国家给予工程3 000万元中央资金支持。随着协议养殖场增多，处理规模在逐步扩大，近年支出在增长，2018年、2019年、2020年工程总支出分别为269.87万元、663.47万元、1 062.82万元。工程已经形成生态经济融合发展模式，收益初显，2018年、2019年、2020年工程净收益分别达156.20万元、430.61万元、1 008.66万元。同样项目受非洲瘟疫影响，在收集粪污越来越少的情况下，企业来自商业有机肥成品的收入逐步增加，成为收益主要来源，2018年、2019年、2020年出售有机肥收益分别为34.87万元、225.45万元、795.80万元。其次是沼气并网发电。示范工程，用沼液助力废弃矿山种植 1 500 亩皇竹草，提供青饲获得一定收益，同时助力废弃矿山治理。

表 6-10　定南养殖场经济支出情况

序号	指标名称	单位	年份		
			2018	2019	2020
1	环保站建设费用	万元	/	/	/
2	有机肥生产系统建设费	万元	/	/	/
3	病死猪处理系统建设费	万元	/	/	/
4	设备折旧成本	万元	53.70	341.49	353.39
5	能源（用电）成本	万元	12.59	34.31	25.53
	能源（柴油）成本	万元	28.58	33.54	35.87
6	有机肥生产辅料成本	万元	82.97	74.14	488.32
7	人员工资/年	万元	86.64	134.49	124.09
8	防疫费用/年	万元	/	/	/
9	维修费/年	万元	/	18.64	19.19
10	病死猪处理费用/年	万元			
11	车辆使用费用/年	万元	5.39	26.86	16.43
12	污水处理药剂费/年	万元	/	/	/
13	总计	万元	269.87	663.47	1 062.82

表 6-11　定南示范工程经济收益情况

序号	指标名称	单位	年份		
			2018	2019	2020
1	有机肥量产值	万元	34.87	225.45	795.80
2	发电量产值	万元	78.03	119.40	51.35
3	沼液量产值	万元	0.14	9.47	11.81
4	粪污处理	万元	42.81	67.82	17.33
5	技术服务	万元	/	5.92	99.68
6	其他（能源农场等）	万元	0.35	2.55	32.69
7	总计	万元	156.20	430.61	1 008.66

表 6-12　定南示范工程经济收益占比情况

序号	指标名称	单位	年份		
			2018	2019	2020
1	预期总收益	万元	/	/	/
2	实际总收益	万元	156.20	430.61	1 008.66
3	年运行成本	万元	269.87	663.47	1 062.82

（续）

序号	指标名称	单位	年份		
			2018	2019	2020
4	沼气工程收益占比	%	77.68	47.64	21.10
5	有机肥收益占比	%	22.32	52.36	78.90
6	病死猪收益占比	%	/	/	/
7	生化处理费用占比	%	/	/	/

（3）大庄养殖场经济效益分析（表6-13至表6-15）

大庄养殖场环保站建设费用 1 507 万元，有机肥生产系统的建设费用是 162 万元，病死猪处理系统建设费是 42.50 万元。主要支出在设备折旧，每年达 65.57 万元，其次是能源用电，每年花费 27 万元左右，另外为防疫费、病死猪处理费、污水处理药剂费以及车辆使用费等。2018 年、2019 年、2020 年支出分别为 208.15 万元、216.31 万元、239.98 万元，每年收益仅来自有机肥初始材料生产，单价低，收入也小，2018 年为 19.20 万元，2019 年为 27.60 万元。总体来说，养殖粪污处理方面收益远小于支出，2018 年、2019 年、2020 年净收益分别－147 万元、－156 万元、－167 万元。

表 6-13　大庄养殖场经济支出情况

序号	指标名称	单位	年份		
			2018	2019	2020
1	环保站建设费用	万元	1 507		
2	有机肥生产系统建设费	万元	162		
3	病死猪处理系统建设费	万元	42.5		
4	设备折旧成本	万元	65.58	65.58	65.58
5	能源（用电）成本	万元	27.38	26.28	28.47
6	有机肥生产辅料成本	万元	15.6	14.3	16.7
7	人员工资/年	万元	16.98	18.74	19.64
8	防疫费用/年	万元	6	6	6
9	维修费/年	万元	15.42	21.62	27.74
10	病死猪处理费用/年	万元	21.94	20.32	24.67
11	车辆使用费用/年	万元	6.4	7.8	8.4
12	污水处理药剂费/年	万元	32.85	35.67	42.78
13	总计	万元	208.15	216.31	239.98

表 6-14　大庄养殖场经济收益情况

序号	指标名称	单位	年份		
			2018	2019	2020
1	发电量产值	万元	0.35	0	0
2	有机肥量产值	万元	19.2	27.6	0

（续）

序号	指标名称	单位	年份		
			2018	2019	2020
3	供气量产值	万元	0	0	0
4	沼液量产值	万元	0	0	0
5	总计	万元	19.55	27.6	0

表 6-15　大庄养殖场经济收益占比情况

序号	指标名称	单位	年份		
			2018	2019	2020
1	预期总收益	万元	−147	−156	−167
2	实际总收益	万元	−147	−156	/
3	年运行成本	万元	−147	−156	/
4	沼气工程收益占比	％	10	10	10
5	有机肥收益占比	％	−6	−7	−5
6	病死猪收益占比	％	−12	−15	−13
7	生化处理费用占比	％	−92	−88	−92

（4）玉舍养殖场经济效益分析（表 6-16 至表 6-18）

玉舍养殖场 2020 年支出的最大部分是在设备折旧上面，折旧费为 112.58 万元；第二大部分是人员工资和能源用电，为 24.45 和 28.47 万元；其余部分包括防疫费用，病死猪处理费用，污水处理的药剂的费用以及车辆的使用费用等。环保站主要收益来源为有机肥原料生产，通过出售初级有机肥原料获得收益，2018 年、2019 年、2020 年有机肥收入较小，分别为 10.8 万元、13.6 万元、12.4 万元，净收益为负，分别为 −186.9 万元、−256.1 万元、−277.6 万元。

表 6-16　玉舍养殖场经济支出情况

序号	指标名称	单位	年份		
			2018	2019	2020
1	环保站建设费用	万元	412.8	/	/
2	有机肥生产系统建设费	万元	162	/	/
3	病死猪处理系统建设费	万元	42.0	/	/
4	设备折旧成本	万元	61.73	112.58	112.58
5	能源（用电）成本	万元	21.91	26.28	28.47
6	有机肥生产辅料成本	万元	13.7	12.8	17.8
7	人员工资/年	万元	16.44	23.43	24.45
8	防疫费用/年	万元	3.6	4.2	4.7
9	维修费/年	万元	15.42	21.62	27.74
10	病死猪处理费用/年	万元	19.68	20.32	24.67

（续）

序号	指标名称	单位	年份		
			2018	2019	2020
11	车辆使用费用/年	万元	8.4	9.6	8.9
12	污水处理药剂费/年	万元	36.84	38.92	40.69
13	总计	万元	197.72	269.75	290

表 6-17　玉舍养殖场经济收益情况

序号	指标名称	单位	年份		
			2018	2019	2020
1	有机肥量产值	万元	10.8	13.6	12.4

表 6-18　玉舍养殖场经济收益占比情况

序号	指标名称	单位	年份		
			2018	2019	2020
1	预期总收益	万元	−186.9	−256.1	−277.6
2	实际总收益	万元	−186.9	−256.1	/
3	年运行成本	万元	−186.9	−256.1	/
4	沼气工程收益占比	%	0	0	10
5	有机肥收益占比	%	−7	−7	−6
6	病死猪收益占比	%	−13	−15	−18
7	生化处理费用占比	%	−80	−78	−76

（5）马安养殖场经济效益分析（表 6-19 至表 6-21）

马安养殖场支出的主要部分是在设备折旧、能源电耗、有机辅料（菌种和稻谷）上面，2018 年、2019 年、2020 年支出分别达 15.1 万元、15 万元、19 万元，还有一部分包括防疫费用、病死猪处理费用、污水处理药剂的费用以及车辆的使用费用等。环保收益主要来自有机肥材料生产，2018 年未有收入，2019 年、2020 年出售有机肥收入不高，分别为 10.20 万元、18.60 万元。2018 年、2019 年、2020 年净收益为负，分别为 −58 万元、−46.23 万元、−41.3 万元。

表 6-19　马安养殖场经济支出情况

序号	指标名称	单位	年份		
			2018	2019	2020
1	环保站建设费用	万元	0	/	/
2	有机肥生产系统建设费	万元	191	/	/
3	病死猪处理系统建设费	万元	0	/	/
4	设备折旧成本	万元	15.1	15.1	15.1
5	能源（用电）成本	万元	3.24	14.24	15.18

（续）

序号	指标名称	单位	年份		
			2018	2019	2020
6	有机肥生产辅料成本	万元	38.8	18.6	19.7
7	人员工资/年	万元	0.9	5.85	5.85
8	防疫费用/年	万元	0	0	0
9	维修费/年	万元	0	0.34	1.36
10	病死猪处理费用/年	万元	0	0	0
11	车辆使用费用/年	万元	0	2.3	2.7
12	污水处理药剂费/年	万元	0	0	0
13	总计	万元	58.04	56.43	59.89

表 6-20　马安养殖场经济收益情况

序号	指标名称	单位	年份		
			2018	2019	2020
1	有机肥量产值	万元	0	10.2	18.6

表 6-21　马安养殖场经济收益占比情况

序号	指标名称	单位	年份		
			2018	2019	2020
1	预期总收益	万元	−58	−46.23	−41.3
2	实际总收益	万元	−58	−46.23	/
3	年运行成本	万元	−58	−46.23	/
4	沼气工程收益占比	%	0	0	0
5	有机肥收益占比	%	−100	−100	−100
6	病死猪收益占比	%	0	0	0
7	生化处理费用占比	%	0	0	0

通过对比预期收益与调研得到的实际收益之间的差异，可以看出只有沼气的收益为正，而其他收益出现负值。

（6）经济效益分析与总结

一般情况下，当项目投资回收期小于 5 年时，其经济吸引力较大；若投资回收期在 5～10 年间，其经济吸引力一般；而投资回收期在 10～20 年时，其经济吸引力较小；投资回收期大于 20 年，就没有吸引力。从表中可以看出，定南示范工程的预期投资回收期为 9.93 年，实际回收期为 17.42 年，新余示范工程的实际回收期为 7.5 年，经济吸引力一般。示范工程新余和定南的"N2N""N2N＋"模式，维持专业化运作，保证了厌氧发酵、并网地电、商品有机肥生产等设施正常运转，发挥了设施设计能力，高效能源转化、高质量的有机肥生产，保障了工程的重要收入来源。规模化运作，及时拓展的多样化收入来源，抵御了非洲猪瘟等特殊时间导致的粪污不稳定等因素，示范工程值得推广和运行，其中

"N2N+"区域生态循环农业经济吸引力更大，可以带来长久的经济效益（表6-22）。

养殖场处理工程预期回收期和实际回收期为大部分负值，主要原因在于：一是猪场后段出料卖价低，生产成本高导致亏损。不具备专业人员，缺少专业设施，养殖粪污来源不稳定，收集、转运等环节多为粗放管理，表面上节省成本，实际上导致成本提升。二是未形成主要收入来源。没有专业运维队伍，不能保障厌氧发酵装置正常使用，沼气生产效率低和不稳定，难以实现并网发电。缺少技术力量和设施，无法生产出商品有机肥，只能出售半成品有机肥（有机肥原料），而且销路存在问题。沼液消纳方面没有合适方案且运输成本高，缺少相应的种植大型企业消纳沼渣、沼液，这些原因制约了沼渣、沼液的商业盈利途径。三是企业在粪污处理投入不足。由于粪污资源化利用方面专业技术人员缺乏，粪污资源化利用收效小，造成养殖场对资源化利用配套设施投入不足。为了达到污染治理要求，更多资金投入超过污染治理，反过来又导致资源化利用更少，以致恶性循环，最终弱化了粪污资源化利用。而污染治理专业人员不足，治理难度加大，投入也逐步上升。

表 6-22　企业工程投资效益分析表

指标	新余	定南	大庄	玉舍	马安	萍乡
总投资/万元	15 000	7 593	7 711.5	7 000	2 000	102.8
预期总收益/万元	/	1 866.4	27.6	12.4	18.6	57.10
实际总收益/万元	4 000	1 538	27.6	12.4	18.6	20.94
年运行成本/万元	2 000	1 102.26	239.98	290.00	59.89	28.49
预期净收益/万元	/	764.14	−212.38	−277.6	−41.29	28.61
实际净收益/万元	2 000	435.74	−212.38	−277.6	−41.29	−7.55
预期回收年限（静态）/年	/	9.93	−36.31	−25.22	−48.44	3.59
实际回收年限（静态）/年	7.5	17.42	−36.31	−25.22	−48.44	−13.62

3. 社会效益

社会效益主要体现在：一是全面改善当地农村环境面貌和居民生活质量，提高村民和种养殖企业的生态环保意识，促进社会和谐；二是推动有机肥替代化肥、沼液肥高质利用、农田土壤环境修复和农业技术推广，推动养殖业、种植业生态化发展；三是可显著提高当地农业资源的利用率，减少污染，增加产出，促进资源综合利用和农村经济社会可持续发展（表6-23）。

表 6-23　社会效益指标统计

类别	单位	大庄	马安	玉舍	新余	萍乡	定南
新增就业人数	个	4	1	15	32	/	21
工资水平	元/年	100 000	60 000	90 000	43 200	/	36 000
其中妇女新增就业人数	个	2	0	2	5	/	4
妇女工资水平	元/年	80 000	0	80 000	3 200	/	30 000
培训人员	人次	/	/	/	1 000	4	500
其中妇女受培训人次	人次	/	/	/	290	20	200

表 6-24　新余示范模式民生效益统计

燃料类型	月用量	单价	月费用	年费用
沼气	12 米³	2.2 元/米³	26.4 元	317 元
液化气	0.5 瓶	100 元/瓶	50 元	600 元
蜂窝煤	90 个	0.7 元/个	63 元	756 元

从表 6-24 可以看出，三口之家用沼气每月费用约 30 元，比液化气便宜 40％，比蜂窝煤便宜 30 元。

新余和定南在社会效益方面作出了巨大的贡献，新余将县域范围内 60 万头生猪产生的粪污及全市范围内的病死猪进行集中无害化处理和资源化利用，增加了就业岗位，新余和定南粪污集中化处理促进农民持续增收。通过项目实施，将畜禽养殖粪污转变为有机肥、沼气等资源，变废为宝，既减轻了环境保护压力，又拓宽了农民增收渠道；推动有机肥替代化肥，减少了化肥使用量，同时增施有机肥可提高农作物抗性，减轻病虫害的发生，降低农药使用量，从而节约种植成本，促进农民增收。通过畜禽养殖粪污资源化利用模式的推广，将有效促进区域农牧结合、种养循环，实现农业可持续发展。

新余示范模式项目完成后，将成为该区域综合利用有机废弃物的示范带动工程，有效遏制由于农业废弃物的乱堆乱放而造成的面源污染，有利于净化环境，减少疾病的发生，提高广大公众保护生态环境意识，同时有利于发展循环经济，引导该区人民使用清洁能源，建设资源节约型、环境友好型社会，对促进资源综合利用和农村经济社会可持续发展也具有积极作用。主要表现在：一是有利于提高各级政府和养殖行业的环保意识；二是有一定的示范效应，引导其他养殖企业向环保产业投资；三是提供清洁能源，建设优美环境，提高人民的环保意识；四是有利于促进有机农业的发展，为广大群众提供安全健康的食品；五是有利于增进我国农畜产品在国际贸易中的竞争力；六是创造就业机会，增加农民收入，为改善当地居民的生活条件，发展农村经济，提高农民的生活质量作出贡献。

4. 环境效益

厌氧发酵工程可以有效地改善农村能源结构，提高能源利用效率，保护生态环境。我国农村绝大多数地区存在着农作物秸秆、畜禽粪便等有机废弃物处理不当而产生的严重污染问题，这已经成为现代农村面临的一大难题。事实上，农村有机废弃物是一种资源，充分利用则可以有效缓解能源紧缺的压力，如果处理不当，不仅会造成巨大的浪费，还会造成环境污染。厌氧发酵工程通过对农村废弃物进行资源化循环利用，为农户提供高效清洁的沼气用于照明和炊事，既解决了农村生物质废弃物处理不当造成的环境污染问题，又解决了农村地区能源短缺的问题。

厌氧发酵工程的环境效益可根据废弃物资源化利用方式分为两大类：一是沼气利用，减少燃煤使用量，减少煤炭燃烧过程中烟尘、二氧化硫和氮氧化物的排放，还具有减少空气污染、减少温室气体的作用；二是沼渣沼液利用，沼渣沼液作为生物有机肥施于田间，具有减少温室气体排放、减少水体土壤和微生物污染以及提高土壤肥力的作用。

正合环保集团将新余区（县）范围内 60 万头生猪产生的粪污及全市范围的病死猪进

行集中无害化处理和资源化利用，年可处理养殖粪污 40 万吨、农林有机废弃物 5 万吨、病死猪 2 万头、年产沼气 750 万米³、固态有机肥 3 万吨、液态有机肥 38 万吨，可供应 10 万亩农田有机肥使用需求，粗略估算每年减少化肥使用量 1 万吨、化学需氧量和氨氮排放量上万吨，累计减少碳排放 3 万多吨，有效遏制农业面源污染，改良农村土壤环境，实现美丽乡村"蝶变"。

定南示范工程改善了农村生态环境，全面拆除了脏、乱、差等环保不达标猪场，并做好规范平整及综合利用。引进的正合生态循环园，日均收集处理粪污 360 吨，产生的沼渣、沼液生产有机肥，用于种植业，实现有机肥替代化肥，减少了农业面源污染。据统计，2018 年定南县畜禽粪污产生量 80.1 万吨，畜禽粪污资源化利用量 77.77 万吨，畜禽粪污综合利用率为 97.09%。通过种植蔬、竹柳等方式加大对矿山环境恢复治理力度。岭北镇杨眉村细坑废弃稀土矿山治理面积约 105 亩，西坑废弃稀土矿点占地 800 亩，目前有泰国金柚、茂谷柑、沃柑等 4 个品种的果树，年销售额已达到 1 200 万元左右。一整套完整科学的治理方法，让废弃稀土矿山渐渐有了生机，生态修复成效显著。

（1）减少土壤污染

随着日益集约化发展的畜牧场，所产生的畜禽粪便量不断增大。不仅土壤无法消纳大量的畜禽粪污，而且还会占用大量土地，导致各类指标都严重超出了土壤的最大承载力，造成土壤污染。此外，农田由于长期过量施用化肥，且化肥利用率较低，使得农田受到化肥污染。把畜禽粪污发酵后的沼渣沼液作为有机肥施用，除了能够减少因化肥使用过量而造成的土壤污染外，将沼液喷洒于叶面，还能够为益虫制造有利环境，达到防治农田害虫，避免因使用杀虫剂而污染土壤的目的。

根据中华人民共和国国务院令（第 369 号）《排污费征收使用管理条例》规定，对养殖固体废物的征收标准取为 25 元/吨。养殖场的粪便经过厌氧发酵或干清粪后，经好氧堆肥后全部生产成有机肥料或商业肥料，无固废排放，粪便达到减量化，无害化处理。年减排粪便收益为年粪污量×25 元。

（2）温室气体减排效益

大中型沼气工程对温室气体减排的影响主要表现在两个方面：①沼气可作为燃料用于发电、供热或居民炊事用能，替代煤炭、薪柴和秸秆，减少 CO_2 排放；②禽畜粪便和有机废水等经过厌氧处理，避免 CH_4 直接向大气排放。CO_2、CH_4 是两种最重要的温室气体，二者对全球温室效应的贡献率可达 75% 以上。

对于粪污经过发酵产生沼气，主要成分 CH_4 占沼气总量的 55%～70%，CO_2 占沼气总量的 25%～40%。由于减排效益计算的复杂性，沼气中的 CH_4、CO_2 的减排效益，以经验公式计算，用沼气更具有优势。每利用 1 米³ 大中型沼气工程产出的沼气可减少 24.2 千克 CO_2 排放，即 $Pc=24.2$ 千克 CO_2/米³ 沼气。

根据 CDM 碳交易，按照市场平均价 60 元/吨 CO_2 来计算，则温室气体减排效益为年 CO_2 当量减排量×60 元。

（3）水体污染减排效益

畜禽粪便若不经处理直接排入附近水体，会对河流和地下水造成严重的污染。沼气工程在中国的发展，最初是为了减缓日益增加的畜禽粪便排放所造成的水环境污染，厌氧消化作为一种废弃物处理方式，能够有效地降低出水中所含的有机碳的排放指标。

根据中华人民共和国国务院令（第 369 号）《排污费征收使用管理条例》规定，养殖废水的 COD、BOD、NH_4^+-N 的参考单位处理成本分别为 1 875.6 元/吨，385 元/吨和 468.9/吨，一般计算组合为 COD 和 NH_4^+-N 或组合 BOD 和 NH_4^+-N，本文采用 COD 组合计算，年减排水体污染收益为 COD 的年减排量×1 875.6 元/吨＋NH_4^+-N 的年减排量×468.9 元/吨。

项目环境收益组成主要以年减排粪便收益、年减排 COD 收益、年减排二氧化碳收益为主，年减排氨氮收益比较少；六家企业的总的环境收益，其中以新余和定南的环境收益最高，达到每年几千万元，其中主要以年减排 COD 和二氧化碳收益为主，说明在环境收益方面，示范工程运行比传统养殖场更具优势（表 6-25，表 6-26）。

表 6-25　环境效益全年平均统计

指标	单位	大庄	马安	玉舍	萍乡	新余	定南
年处理粪便数量	米³/年	10 074	24 567	79 445	40	28 868	109 500
年处理污水量	万吨/年	10.95	2.46	10.95	/	/	/
NH_4^+-N	毫克/升	80	0	80	/	/	/
COD	毫克/升	400	0	400	/	/	/
NH_4^+-N 降解率	%	/	/	/	/	/	/
COD 降解率	%	/	/	85	/	/	/
减排 COD	吨/年	126.45	/	98.75	/	6 725.49	4 125.19
减排氨氮	吨/年	21.65	0	17.26	/	380.48	209.03
减排总磷	吨/年	/	/	/	/	/	19 285.7
减排 CO_2	吨/年	/	/	/	9 063	238 491	193 600

表 6-26　环境效益收益评价分析表

收益	新余	定南	大庄	玉舍	马安	萍乡
年减排粪便收益/（万元/年）	72.17	273.75	251.85	198.61	61.42	9.49
年减排 COD 收益/（万元/年）	1 261.43	773.72	237.17	185.21	0	44.52
年减排氨氮收益/（万元/年）	17.84	9.8	1.02	0.81	0	2.18
年减排二氧化碳收益/（万元/年）	1 430.95	1 161.6	0	0	0	35.13
合计/（万元/年）	2 785.39	2 218.87	490.04	384.63	61.42	91.32

"N2N"区域生态循农业示范园模式通过推行有机肥的使用，将有效减轻农业种植环境的污染问题、生物多样性减少的问题、土壤板结造成的自然肥力退化问题、地下水资源污染问题、食品安全问题。环保效益主要体现在区域范围内养殖场粪污及病死猪治理上，新余市罗坊镇打造"N2N"区域生态循环农业园项目采用区域第三方治理，集中处理区域内 260 家猪场 30 万头年出栏生猪的养殖粪污问题，集中无害化处理新余市 90 万头年出栏生猪的病死猪问题；集中收集资源化利用区域内 10 万亩农田产生的水稻秸秆；经计

算可减少罗坊镇每年污染物排放量分别为：6 725.49 吨 COD，380.48 吨 NH_4-N，238 491 吨 CO_2。

通过上述表格可知粪污处理有助于提升耕地质量。通过项目建设，每年将畜禽粪污转化成有机肥，施用有机肥可有效提升土壤有机质含量，增加土壤养分含量，增强土壤微生物活力，改善土壤结构，提升耕地质量，促进农田永续利用。通过项目实施，可使全县畜禽粪污综合利用率将达到 90% 以上，有效减少养殖粪污排放量，削减化学需氧量排放量、氨氮排放量，减少化肥、农药的施用量，有效控制农业面源污染，促进农田生态环境改善，保护优质的水资源和良好的生态环境。

5. 综合效益总结

通过对示范工程和养殖场处理工程在技术水平、经济效益、社会效益、环境效益等进行综合分析，评估结果如下：

（1）两类工程在资源化利用方面，技术采用既有相同之处也有部分差异

养殖场在污染治理和资源化利用设施选择工艺相对简单、投资较小、管理粗放设施。也有采用技术与示范工程相同，但体现在设施上和使用效率迥然不同，如新余和定南县两个示范工程与全南大庄和萍乡养殖采用 CSTR 厌氧发酵工艺，但厌氧发酵设施投资相差巨大，示范工程有专业运营团队、而养殖场无专业维护，导致示范工程发酵效率远高于养殖场。正常运行大不相同，现场发现由于疏于维护，养殖场厌氧发酵罐运行不稳定，容积产气量小，不能发挥设计功能。在生产有机肥方面，两者均选用好氧堆肥工艺，养殖场设备简单，对设施投资小，专业技术人员缺少，产品质量无法保证，只能生产出有机肥半成品（原料）；示范工程投资较大，建成成套装置，专业人员生产，生产效率高，质量稳定达标，有较高的商品价值。在处理病死猪方面，示范工程采用了硫酸水解法，资源化利用程度高，技术更加成熟稳定，能够满足处理要求，并能生产高价值商品。养殖场采用的沼液处理工艺难以满足资源化利用要求，无法实现无害化和资源化的最大化。

（2）示范工程的经济效益远大于养殖场处理工程

新余示范工程，在非洲猪瘟引起生猪养殖巨大变化形势下，仍连续 3 年实现赢利超 700 万元，高峰年份近千万元。定南县示范工程也连续 3 年实现赢利 400 万元左右。反观养殖场处理工程，全南的 3 个粪污处理和资源化利用连续三年负净收益，2020 年分别达 167 万元、277 万元、41 万元左右。正常年份，示范工程投资回收期更短，设施持续稳定运行，使用效率高，主营收入稳定，赢利优势明显，具长久经济效益。示范工程体现了规模效益，有较强的抵御外部分险能力，克服 2019 年非洲猪瘟影响，能够统筹周边粪污资源，及时拓展的多样化收入来源，广开收入渠道。养殖场处理工程收入单一，沼气发电由于不稳定，几乎不产生收入，主要收入来源为生产有机肥半产品价格低，收益远不足污染治理，易产生恶性循环。

（3）示范工程具良好的社会和环境效益

示范工程在资源化利用方面规范，防止了粪污污染，杜绝二次污染，比养殖场处理更具明显社会和环境效益。新余示范工程有效遏制由于农业废弃物的乱堆乱放而造成的面源污染，有利于净化环境，减少疾病的发生，提高广大公众保护生态环境意识。同时，有利于发展循环经济，引导该区人民使用清洁能源，建设资源节约型、环境友好型社会，对促

进资源综合利用和农村经济社会可持续发展也具有积极作用。定南示范工程通过推行沼液治理废弃矿山，将有效减轻农业种植环境的污染问题、生物多样性减少或消失的问题、土壤板结造成的自然肥力退化问题、地下水资源污染问题。

新余区域沼气生态循环农业发展工程和定南利用废弃矿山发展生态循环农业工程，入选 2020 年国家生态文明试验区改革举措和经验做法推广清单。区域沼气生态循环农业发展模式入选省农业农村厅 2019 年主推技术之一，得到农业农村部肯定，并列入江西省绿色技术目录（2020 年版）。

三、存在的问题及拟采取的措施

（一）存在问题

1. 传统养殖场存在的问题

问题一：传统养殖场在粪污处理工程中的投资，占养殖场总投资占比过大；在综合利用的主要收入来源，如有机肥产品的生产上技术力量跟不上，产品质量无法提高，无法形成品牌销售，只能销售半成品，有机肥和沼液销售较困难，综合利用的经济效益较差。

问题二：受限于环保压力和环境容量限制，政府给予的养殖规模指标不足，限制了养殖场生猪养殖规模的扩大，进而影响了养殖粪污综合利用规模化效应的发挥。

问题三：受限于单个养殖场畜禽粪污综合利用副产品数量不足，传统养殖场无法进一步与当地资源进行深度整合，未能形成有效的种养结合和较强的循环能力。由于养殖企业土地流转难度大、限制多、成本高，自有土地少，无法消纳排放自有粪污。化肥对种植增产优势比较大、见效快，而有机肥见效慢、周期长；大量的沼液等副产品在冬季无法及时被土地消纳。养殖场粪水、沼液到农田存在运输问题，导致有机肥的使用成本高，种养无法有机结合。

问题四：畜禽污染防治资金投入不足。对于中小规模养殖场或分散养殖户而言，投入大量资金建设粪污综合利用系统是一件极其困难的事情。或迫于环保压力，处理系统建成之后，为让处理系统正常运行所需要投入的技术、人力和设备运行费用，在没有效益的情况下，企业难以长期承担该费用。当前情况下，若没有粪污治理专项补助资金，全靠养殖场自筹解决，工程建设资金难以承受，项目难以长期持续运行。

2. 示范工程模式存在的问题

问题一：示范工程模式中，国家、省级资金支持不够，主要靠地方政府出台扶持政策，不利于畜禽粪污示范工程的进一步推广。

问题二：受限于环保压力和环境容量限制，政府给予区域的养殖规模指标不足，限制了区域生猪养殖规模进一步做大做强，进而影响了养殖粪污综合利用的规模化效应的发挥。

问题三：示范工程模式使得生猪养殖区域的畜禽粪污环境污染问题得到有效治理，可极大改善区域环境质量。因而，在同样的环境容量下，可以适当提高生猪养殖规模。但目前政府缺乏有效的生猪养殖承载力环境容量评估手段及预测模型，无法为科学扩大生猪养殖规模提供有力支撑，限制了区域生猪养殖规模总量的进一步扩大。

问题四：定南示范工程形成了粪污处理和皇竹草种植的有机结合，后期需推动周边区域的配套牛羊畜牧业养殖产业发展，实现皇竹草饲养牛羊，牛羊粪污综合利用的再循环利用，以期最大限度实现畜禽粪污综合利用全产业链循环。

问题五：污染受罚的赔偿追溯较为困难。环境保护法明确了排污企业是环境治理的责任主体，环境治理责任可以通过民事法律关系转移，如以合同形式由第三方代履行。由于养殖污染第三方治理模式还探索初期，养殖场将污染问题委托给第三方治理，但目前所受处罚向第三方索赔耗时费力。

问题六：环境监管和服务体系不完善。第三方治理模式的低成本投入优势只有在同行业全面守法的大环境下才能成立，当违法成本远低于守法成本时，排污企业可能选择不治污或不达标排放。江西省中小型养殖场占比较高，分布相对分散，当前环境管理能力不足，有效监管手段缺乏，环境监管难以到位，养殖场不达标排放仍然存在。

问题七：吸引社会资本能力弱。粪污收集成本高，集中处理和资源化利用规模效益难以短时间内形成，吸引社会资本能力不强。目前，清晰的市场化生猪养殖污染物治理价格并未形成，江西省污染排放权市场交易还处在建设初期，特别是对生猪养殖这一传统产业，污染付费治理意识仍有待提高。养殖污染治理服务收费标准无章可循，缺乏统一规范的治理效果评价体系，导致第三方治理公司收益低，投资回收期长，难以吸引高水平专业企业。

问题八：要素难以保障。资金、土地等要素资源，是保障建畜禽粪污处理和资源化利用项目商业成功关键，采用第三治理模式进行集约化处理，通常有一定规模，资金需求较大，占地较广，可能会涉及林地、耕地等。各地人民政府要统筹抓好土地、资金、以及用能等要素的保障和调配，充分发挥好发电上网补贴、有机肥补贴、资源综合利用企业所得税优惠等政策，积极争取中央补助资金、绿色基金、地方政府专项债券等支持。

（二）采取的措施

过去几年，江西省部分地方养殖粪污处理能力不足，并存在不少设施建而不用现象。2018年，中央环保督察"回头看"反馈江西省规模化畜禽养殖场污染治理效果不明显，全省8 835家规模化养殖场有1 204家存在配套设施能力不足、防渗不到位、污水排放不达标等问题；部分地方问题严重，如上饶市鄱阳、余干、万年三县的209家规模化养殖场，有173家无处理设施或设施不正常运行。2018年，江西省长江经济带生态环境突出问题"举一反三"反映了养殖污染问题仍然严重，如九江市规模以上生猪养殖场有一半以上未按要求建设防污设施，建有设施无法正常运行问题普遍，德安县31家规模以上养猪场仅3家治污设施运行较好；南昌市抽查的6家养殖场设施要么闲置，要么不正常运行；抚州、上饶、景德镇、宜春等地也存在同样问题。2019年，省政协围绕"长江之肾"鄱阳湖生态环境整治的调研指出，鄱阳湖水质总磷超标，畜禽和水产养殖污染贡献率达25%。发现出栏量500头以上的规模化养猪场所建粪污处理设施不达标、不运行占比较大，在调研的33家规模化养猪场中仅1家基本达到要求，出栏量500头以下的养猪场问题更为严重。

面对这个情况，江西省积极实施畜禽养殖污染治理专项行动，主要做法包括：一是完善落实畜禽养殖"三区"规划，减少养殖规模。对全省112个畜禽养殖县（市、区，含开发区）进行畜禽养殖"三区"划定和地理标注，全省共划定禁养区域1.45万个，面积约

5.12 万平方千米。大力推进禁养区养殖场（户）拆迁、关停、转产，在禁养区和限养区累计拆除 4 万多个养殖场（易松强，2019）。二是加强粪污处理利用配套设施建设，提高治理水平。开展畜禽养殖标准化示范创建和非禁养区畜禽养殖场升级改造，完善畜禽养殖场配套建设粪污处理利用设施设备。三是推进畜禽养殖废弃物资源化利用。落实沼气发电上网、沼气退税、有机肥补贴等政策，提升养殖废弃物资源化利用水平。江西省 22 个国家级生猪调出大县实现了畜禽粪污资源化利用整县推进项目全覆盖，长江经济带农业面源污染治理专项 65％资金用于养殖粪污处理和资源化利用，湖口等 13 个项目正有序推进。南丰县、南昌县等 14 个县（市、区）开展茶果菜有机肥替代化肥试点，全省共建设示范面积 20 万亩。

本 章 参 考 文 献

王火根，黄弋华，张彩丽，2018. 畜禽养殖废弃物资源化利用困境及治理对策——基于江西新余第三方运行模式［J］. 中国沼气，36（5）：105-111.

易松强，2019. 以畜禽粪污资源化利用项目为抓手持续推进江西畜牧业绿色发展［J］. 畜牧业环境（7）：38-40.

第七章　畜禽养殖废弃物资源化利用及产业发展展望

第一节　发展趋势

总体上看，我国规模养殖污染问题已经得到基本解决，但畜禽粪污处理和资源化利用水平还不高。从趋势上看，我国畜禽粪污处理已经从"治"转向"用"。

一、畜禽养殖废弃物是重要"资源"，污染整治势在必行

畜禽养殖废弃物用则利，弃则害。根据中国区域畜禽粪便能源潜力及总量控制研究的数据显示：2010 年全国畜禽粪便产量 22.35 亿吨，若全部利用，理论上可产生沼气 1 072.75 亿米^3，折甲烷 643.65 亿米^3，可替代 0.77 亿吨标准煤，减少二氧化碳排放 1.8 亿吨，同时沼渣能生产 1.7 亿吨有机肥。从还田利用的角度来分析，畜禽粪污的氮、磷排放量分别为 0.19 亿吨和 0.04 亿吨，分别占氮肥、钾肥的 79% 和 50%，若有效利用可以减少化肥的使用量，因此畜禽粪污是放错了位置的"资源"。

党的十八大以来，"绿水青山就是金山银山"的理念深入人心，人民对美好环境的要求不断提升，国家对环境保护重视程度也在不断加强。生态文明建设写入宪法，党的十九大将环境保护提升到"中华民族永续发展的千年大计"前所未有的战略高度。加快推进畜禽养殖废弃物处理和资源化，关系 6 亿多农村居民生产生活环境，关系农村能源革命，关系能不能不断改善土壤地力、治理好农业面源污染，是一件利国利民利长远的大好事。畜禽养殖废弃物治理进入新阶段。

二、能源化与肥料化是畜禽养殖废弃物处理发展方向

加强畜禽养殖废弃物污染防治与综合利用既是畜牧业健康发展的必然要求，也是实现环境保护的根本途径。目前，应按照无害化、减量化、资源化三大原则，从产前、产中、产后三个阶段进行畜禽粪污的防治。由于产前、产中无法从根本上解决畜禽污染问题，因此产后治理是关键。产后治理主要有能源化利用（生产沼气）、肥料化利用（直接还田或生产有机肥还田）、饲料化利用等几种方式。因为畜禽粪便中含有病原微生物、重金属、药物残留等，所以饲料化利用存在很大的安全隐患，能源化与肥料化是目前主要的利用方向。

2017 年 7 月，农业部关于印发《畜禽粪污资源化利用行动方案（2017—2020 年）》的

通知中提出，目标为到 2020 年全国畜禽粪污综合利用率达到 75％以上，规模养殖场粪污处理设施装备配套率达到 95％以上，大型规模养殖场粪污处理设施装备配套率提前一年达到 100％。同时，要坚持源头减量、过程控制、末端利用的治理路径，以畜牧大县和规模养殖场为重点，以沼气和生物天然气为主要处理方向，以农用有机肥和农村能源为主要利用方向，健全制度政策法律体系，全面推进畜禽养殖废弃物资源化利用，要求各地区要根据区域特征、饲养工艺和环境承载力的不同，采用不同的技术模式。

三、多重利好因素叠加，畜禽养殖废弃物资源化发展潜力巨大

（一）规模化养殖已成趋势，为集中处理粪污提供便利

我国畜禽养殖业长期以散养为主，规模化程度相对较低。近年来随着国家大力扶持创建标准化养殖场，出台一系列环保政策（如设置"禁养区""限养区"等）清退环保不达标的企业，再加上龙头企业产能扩张，我国畜禽养殖业规模化不断推进，行业的集中度逐步提升。

对于畜禽粪污资源化行业来说，原料来源是行业发展的关键之一，畜禽养殖集中的地方粪污原料丰富。目前国内畜禽养殖业规模化程度不断提高，养殖省份集中度也在提升，这为集中处理畜禽粪便提供了便利，一定程度上可促进行业的发展。

（二）鼓励有机肥替代化肥，打开畜禽粪污消纳空间

近年来，随着粮食需求的增长，化肥的使用量也在不断攀升。我国农用氮磷钾肥的产量（折纯量）从 2000 年的 3 186 万吨增长到 2017 年的 6 065.2 万吨，17 年时间增长了 90.37％，其中 2015 年达到顶峰 7 431.99 万吨。化肥作为重要的农业生产资料，在促进粮食生长和农业生产发展中发挥着重要作用，然而我国化肥存在资源浪费、养分利用率低等问题。根据联合国粮食及农业组织（FAO）数据，世界平均每公顷耕地化肥施用量约 120 千克，美国为 110 千克、德国为 212 千克、日本为 270 千克、英国为 290 千克、荷兰为 623 千克，而我国的单位耕地面积化肥施用量为 444 千克，远高于发达国家 225 千克/公顷的安全上限。

化肥施用过量不仅增加农业生产成本、浪费资源，而且造成耕地板结、土壤酸化等问题，还会对生态环境造成威胁。2015 年 2 月，农业部印发《到 2020 年化肥使用量零增长行动方案》，提出 2015—2019 年，逐步将化肥使用量年增长率控制在 1％以内，力争到 2020 年，主要农作物化肥使用量实现零增长。通过精（推进精准施肥）、调（调整化肥使用结构）、改（改进施肥方式）、替（有机肥替代化肥）4 种技术路径实现化肥零增长。有机肥含有丰富的有机质，营养元素全面，具有改良土壤、提高农作物产量、改善农产品品质等诸多优点，又能克服化肥对土壤和环境造成的危害。2017 年 2 月，农业部印发了《开展果菜茶有机肥替代化肥行动方案》，提出以果菜茶生产为重点，实施有机肥替代化肥。2017 年选择 100 个果菜茶重点县（市、区），在苹果、柑橘、设施蔬菜和茶叶优势区域推广相应技术模式。并指出到 2020 年，果菜茶优势产区化肥用量减少 20％以上，果菜茶核心产区和知名品牌生产基地（园区）化肥用量减少 50％以上。近几年我国有机肥市场呈现出稳步增长的态势，但占肥料的比重依然较小。从产量方面来看，我国有机肥产量从 2010 年的 1 255 万吨增长到 2016 年的 1 514 万吨，年均复合增速为 3.18％。而我国农

作物每年需要化肥约 1.4 亿吨，有机肥占比 10.81%；从销售收入来看，我国有机肥料及微生物肥料制造销售收入从 2010 年的 321.85 亿元提高到 2016 年的 793.45 亿元，增长146.53%。2014 年我国化肥行业销售收入达 8 198.11 亿元，而有机肥销售收入只有756.78 亿元，占比只有 9.23%。目前，美国、日本、英国等国家有机肥料用量已占肥料使用总量的 40%～60%，而我国有机肥料使用量占比在 10% 左右，还有很大的提升空间。国家鼓励有机肥替代化肥，不仅能够减少化肥的使用量，有效利用资源，而且能够改善环境，减少农村面源污染，更为重要的是，也为畜禽粪污提供了很好的消纳路径，提高了其利用价值。

（三）畜牧大县整县推进畜禽粪污资源化，产业发展提速

为了贯彻落实 2017 年 5 月国务院办公厅印发《关于加快推进畜禽养殖废弃物资源化利用的意见》精神，全面推进畜禽粪污资源化利用，2017 年 7 月农业部印发《畜禽粪污资源化利用行动方案（2017—2020 年）》，系统构建了资源化利用制度体系和政策框架。其中明确将 586 个生猪、肉牛、奶牛畜牧大县作为治理的重点，提出到 2020 年，集中中央预算内投资、加大投入力度，支持 200 个以上畜牧大县整县推进畜禽粪污资源化利用工作。目标是到 2020 年，项目县畜禽粪污综合利用率达到 90% 以上，规模养殖场粪污处理设施装备配套率达到 100%，形成整县推进畜禽粪污资源化利用的良好格局。

2017 年 8 月，国家发展改革委、农业部联合出台了《全国畜禽粪污资源化利用整县推进项目工作方案（2018—2020)》，计划整合、优化相关中央投资专项，重点支持畜牧大县整县推进畜禽粪污资源化利用基础设施建设。并强调了建设目标：在 586 个畜牧大县中，通过竞争性比选，每年择优选择项目县，到 2020 年完成 200 个以上整县推进任务。

2017 年农业农村部、财政部筛选了 51 个畜牧大县安排中央财政资金支持开展畜禽粪污资源化利用工作。2018 年中央财政继续通过以奖代补方式，对畜牧大县畜禽粪污资源化利用工作予以支持，农业农村部、财政部根据全国畜牧大县分布等因素，分省确定2018 年奖补的项目县控制数量指标（120 个项目县），并结合各省现有工作基础，确定整省、整市推进的地区。通过畜牧大县整县推进，并加以中央财政资金支持，优先解决重点区域的畜禽粪污的问题，打开畜禽粪污资源化利用的良好局面，助推将成功的模式快速示范推广到全国，有望加快整个行业的发展。

（四）补贴贯穿全产业链，资金助力市场释放

为推进畜禽养殖废弃物处理和资源化利用，国家采取了一系列财税支持政策，从大至整县推进，小至农机购置补贴，以及增值税、用电用地等优惠政策，实现补贴基本覆盖畜禽粪污处理全产业链。

其中中央财政奖补资金重点支持：以农用有机肥和农村能源为重点，支持第三方处理主体粪污收集、贮存、处理、利用设施建设；支持规模养殖场特别是中小规模养殖场改进节水养殖工艺和设备，建设粪污资源化利用配套设施；支持沼气工程建设等，但不得用于支持后续运营补贴。

对于整县推进的项目，中央财政奖补资金分年度安排，2018 年先安排一部分资金，绩效考核合格后再安排后续资金。为提高资金使用效率，在中央财政奖补资金安排上，原则上对猪当量（以生猪、牛存栏量折算猪当量）为 50 万头以下的项目县，累计补助上限

为 3 500 万元；猪当量为 51 万～70 万头的项目县，累计补助上限为 4 000 万元；猪当量为 71 万～99 万头的项目县，累计补助上限为 4 500 万元；猪当量为 100 万头以上的项目县，累计补助上限为 5 000 万元。项目方案如涉及大型沼气工程，按每立方米厌氧消化装置容积领取中央投资补助 1 500 元折算，对单个沼气工程的中央补助资金不超过 3 000 万元，补助比例不超过该项目投资的 35%，对其他项目中央补助资金不超过项目投资的 50%。

养殖物标准化改造和沼气工程建设补贴：近年来，国家发展改革委、农业农村部累计安排中央预算内投资 600 多亿元，重点支持规模养殖场标准化改造、农村沼气工程建设。截至 2017 年 8 月，通过中央投资有效带动地方、企业自有资金，累计改造养殖场 7 万多个，建设中小型沼气工程 10 万多个、大型和特大型沼气工程 6 700 多个，有效提高了规模养殖场的粪污处理能力和资源化利用水平。农业农村部 2017 年分别与中国农发行和国开行签署了合作协议，"十三五"期间为农业现代化提供意向性金融支持，为畜禽粪污资源化利用提供有力支撑。

农机购置补贴：鼓励地方政府利用中央财政农机购置补贴资金，对畜禽养殖废弃物资源化利用装备进行补贴。政策要求优先保证畜禽粪污资源化利用、病死畜禽无害化处理等支持农业绿色发展机具的补贴需要。在农机补贴机具种类 15 大类 42 小类 137 个品目中，有 6 个品目跟畜禽粪污资源化利用有关。

沼气发电补贴：落实沼气发电上网标杆电价和上网电量全额保障性收购政策。目前一些地方出现沼气发电上网难、生物天然气进入城镇管网难等问题，制约了畜禽粪污资源化利用。国家在《关于加快推进畜禽养殖废弃物资源化利用的意见》《全国畜禽粪污资源化利用整县推进项目工作方案（2018—2020)》等多个文件中明确提出，要落实沼气发电上网标杆电价和上网电量全额保障性收购政策，降低单机发电功率门槛。生物天然气符合城市燃气管网入网技术标准的，经营燃气管网的企业应当接收其入网，落实沼气和生物天然气增值税即征即退政策，支持生物天然气和沼气工程开展碳交易项目。

有机肥补贴：为推动有机肥替代化肥，2017 年农业部发布的《开展果菜茶有机肥替代化肥行动方案》提出，在全国选择了 100 个县，每个县补贴 100 万元，总共补贴 10 亿元。除了中央外，北京、上海、浙江、江苏、福建、山东、重庆、天津等地陆续制定了有机肥补贴政策。补贴标准一般在每吨 200～300 元，单个主体补贴一般最高 15 万～20 万元。补贴后，使用有机肥成本与化肥基本一致。

此外，地方政府在企业用地、用电、信贷等政策上给予一定优惠。农业农村部鼓励各地要发挥奖补资金的引导作用，创新投入机制，通过政府与社会资本合作（PPP）、政府购买服务等方式，撬动金融和社会资本参与畜禽粪污资源化利用，加快建立有效的可持续运营长效机制。通过政府全产业链的补贴政策以及引入 PPP 模式，以资本的方式助力畜禽粪污资源化市场加速释放。

畜禽粪污是放错位置的资源，提高其资源化利用水平不仅是打好污染防治攻坚战、建设美丽乡村的需要，也是实现乡村振兴、精准扶贫的有效措施。在环保压力以及国家政策鼓励的背景下，行业的景气度将不断提升，发展前景广阔。

第二节　对策建议

深入贯彻习近平生态文明思想，认真落实党中央、国务院战略决策和省委、省政府工作部署，坚持保供给与保环境并重，坚持政府支持、企业主体、市场化运作的方针，坚持源头减量、过程控制、末端利用的治理路径，以实施乡村振兴战略为引领，以提高畜禽粪污综合利用率、加快农业供给侧结构性改革、改善农村人居环境、协同推进畜牧业减污降碳为目标，以种养结合、农牧循环、就近消纳、综合利用为主线，健全制度体系，强化责任落实，严格执法监管，加强设施保障，全面推进畜禽粪污资源化利用，更高标准打造美丽中国"江西样板"。

一、建立健全畜禽养殖废弃物处理和资源化制度

畜禽粪便与一般的工业污染物不同，是宝贵的有机质资源，可以还田利用、制取商品有机肥、生产沼气和发电等，通过综合利用变废为宝，实现污染物的零排放。畜禽养殖废弃物处理和资源化策略的制定应突出畜禽粪便的资源属性，并充分考虑畜牧业的特殊性，全面落实属地管理责任制度、养殖场主体责任制度和部门监管责任制度，建立健全畜禽养殖废弃物处理和资源化利用绩效评价考核制度，对市、县两级政府进行年度考核，建立激励和责任追究机制。严格落实畜禽规模养殖环评制度，对畜禽规模养殖相关规划依法依规开展环境影响评价。建立畜禽规模养殖场直联直报信息系统，完善畜禽养殖污染监管制度。改革完善畜禽粪污排放统计核算方法，完善肥料登记管理制度。

二、建立健全畜禽养殖废弃物处理和资源化资金投入机制

健全经济激励机制，推动建立政府、养殖场和社会资本的多元化畜禽养殖废弃物处理和资源化资金投入机制，推动畜禽养殖废弃物处理和资源化可持续发展。加大对畜禽养殖废弃物处理和资源化利用财政投入力度，完善财税、信贷等经济激励政策，对开展畜禽粪便综合利用的养殖场给予财政补贴，扶持养殖场建设沼气发酵工程、生物发酵床、有机肥生产线等设施，并对畜禽粪便综合利用的终端产品予以补贴，鼓励养殖场利用畜禽粪便开展沼气集中供户、沼气发电并网、沼气压缩提纯、有机肥加工等生产经营活动，提高养殖场业主开展畜禽粪便综合利用的积极性。从事畜禽养殖废弃物资源化利用的企业，执行农业用水、用电、用地政策，相关设备纳入农机购置补贴范围；严格落实国家沼气发电上网优惠政策，电网企业提供无歧视电网接入服务，执行农林生物质发电上网价格补贴。严格落实无害化集中处理体系建设、保险联动等相关政策。按照"谁投资、谁受益"的原则，运用市场机制和财税支持等政策，引导社会资本积极参与畜禽养殖废弃物处理和资源化利用，实现社会化、专业化的畜禽养殖废弃物处理和资源化利用服务。

三、探索畜禽养殖废弃物资源化利用市场机制

以能源化和肥料化为方向，打通还田通道、分担还田成本，实现就地就近循环利用，构建种养循环发展机制。以生猪养殖密集区域为重点，推广第三方治理模式，探索规模

化、专业化、社会化运营机制。发展规模化大型沼气工程，鼓励沼气发电上网和生物天然气生产使用。在果菜茶优势区，实施有机肥替代化肥行动，打造一批绿色有机农产品生产基地。支持有机肥生产与使用，开展农民使用有机肥补贴试点。推广区域性循环农业模式，探索实现畜禽养殖废弃物生态消纳有效途径，加快绿色生态循环农业发展。加大废弃物资源化利用 PPP 模式支持力度，调动社会资本参与废弃物资源化的积极性。

四、加强畜禽养殖废弃物综合利用科技支撑

全方位整合科技资源，建立健全产学研推用技术支撑体系。完善畜禽养殖废弃物处理与利用标准体系，制定畜禽粪便、沼渣沼液还田利用技术规范和检测标准，制修定有机肥生产标准。加强废弃物处理与利用新技术、新工艺研发，加大试点示范和培训指导力度。开展畜牧业绿色发展示范县创建，探索形成适合不同畜种和区域特点的主推模式。加强有机肥生产、水肥一体化等关键技术集成。建设一批技术示范点，逐步摸索出有效的技术和管理模式，为技术推广提供经验；建立相应的畜牧业环境污染防治技术推广与服务体系，定期组织专家和技术人员，开展污染防治科技下乡活动，指导畜禽养殖场采用适宜技术开展污染防治。以污染防治技术的经济适用性为重点，积极开展畜牧业环境污染防治技术筛选和评估，总结出适合某一地区的污染防治的技术模式；选取建设成本低、运行费用低和易于管理维护的畜牧业环境污染防治技术模式。

五、严格依法监管

认真贯彻落实《畜禽规模养殖污染防治条例》和《江西省畜禽养殖管理办法》等法律法规规章，加大畜禽养殖监督管理，认真执行畜禽养殖场环境影响评价制度。强化对畜禽养殖饲料、兽药等投入品的管控，保障养殖废弃物资源化利用的安全性。生态环境、农业农村等部门要联合开展专项监督检查，加大打击力度，严厉打击畜禽养殖场养殖粪污非法直排、偷排等违法行为。生态环境部门要加大执法力度，提高养殖场外部压力，杜绝养殖场治污设施"建而不用"、治理"做而不实"等问题。

六、强化组织领导和宣传引导

推动各级政府将畜禽粪污资源化利用工作纳入本级实施乡村振兴战略工作领导小组职责范畴，制定本地工作方案，对各项目标任务进行分解落实，做好统筹谋划、项目落地、组织实施、资金安排等工作。加强各地畜禽粪污资源化利用工作落实情况的考核和评价。充分利用各类媒体，加大对畜禽粪污资源化利用重要意义、项目政策、技术模式和执法监管的宣传报道。及时总结推广各地推进畜禽粪污资源化利用的好经验、好做法、好模式，树立示范标杆，营造全社会广泛参与的良好氛围。

七、加强示范推广

鼓励各地按照"主体小循环、区域中循环、县域大循环"的理念，以种养结合、农牧循环、就近消纳、综合利用为主线，积极探索一批畜禽粪污资源化利用的典型模式。因地制宜示范简易膜覆盖发酵、高温发酵罐处理、沼气化利用粪污处理、燃料化利用粪污处

理、蚯蚓养殖粪污处理、膜覆盖粪污处理、近临界水粪污处理、卧床垫料化粪污处理、无动力粪污离子矿化处理、粪水达标排放等畜禽粪污资源化利用技术模式。积极推广"退户入区、集中饲养""市场运营、全民参与""政府主导、社会化保障""政府主导、政策保障""集中处理＋经常性考核＋年底奖励""统一储存、集中处理""企业主体＋农户自主""政企合作＋集中处理""研农合作＋以肥抵债"等畜禽粪污资源化利用典型运营模式。

后 记
POSTSCRIPT

　　畜禽养殖业是农村经济中的重要产业，是农民增收的重要来源，也是乡村产业振兴的重要内容。加快推进畜禽养殖废弃物处理和资源化利用是推动畜禽养殖业转型升级的必然要求和紧迫任务，江西省生态文明研究院（江西省山江湖开发治理委员会办公室）积极组织力量开展畜禽养殖废弃物处理和资源化利用的科学研究、先导示范和政策探讨。本书研究内容是在课题组承担的江西省重大研发专项"畜禽粪污无害化及资源化利用技术与设备研发"（20182ABC28006）；江西省重点研发计划项目"基于生物协同的污水处理技术合作研究与应用"（20181BBH80004）等前期成果基础上深化研究而成。

　　畜禽养殖废弃物资源化利用及产业发展研究涉及众多学科的理论和方法。本书所涉及的研究内容主要是畜禽养殖废弃物资源化利用及产业发展的粗浅层面，特别是其理论和方法还不成熟，再加上作者能力有限，书中不免有欠妥之处，恳请读者不吝斧正。作为生态文明综合研究和支撑服务机构我们将深入学习贯彻习近平生态文明思想，牢固树立和践行绿水青山就是金山银山的理念，持续深化畜禽养殖废弃物资源化利用及产业发展研究，为更高标准推进环境污染治理，加快发展方式绿色转型作出应有贡献。

　　正合环保集团、赣州锐源生物科技有限公司、定南阳林山下养殖有限公司、高安裕丰农牧有限公司、乐平市乐兴农业开发有限公司、吉安市农业农村局等企业和部门为本研究提供了大量的资料和帮助，本书引用了大量的文献资料，在此对相关单位和相关文献的作者表示诚挚的谢意。

　　本书适合资源与环境经济学、农业经济管理、环境管理等专业的本科生和研究生阅读，也可以作为政府工作人员参考用书。

南英沼气站大型沼气工程

病死猪无害化处理中心

沼气发电站并网发电

沼气发电机尾气余热利用

有机肥车间发酵堆肥场

有机肥生产车间生产线

灌装车将沼肥运到田间

沼液经过淋灌设施施用

彩图 6-1　"N2N"模式实景图

基地配备 3 兆瓦发电机组

有机肥生产车间

有机肥仓库

沼液用于能源作物种植（修复稀土尾矿）

彩图 6-2　"N2N＋"模式示意图及生态能源农场实景图